Veits kleine Schachbücherei

Herausgegeben von Dr. F. Palitzsch

Mit Veits kleiner Schachbücherei wird zum ersten Male ein Werk unternommen, das zum Ziele hat, das ganze, mächtig angewachsene Gebiet des Schachwissens in vielen kleinen Einzeldarstellungen zu behandeln und damit ein zuverlässiger Führer durch alle Zweige des Schachspiels zu werden. Die Gliederung des Stoffes in lauter Einzelthemen gestattet es, jedes Thema gründlich abzuhandeln, und als besonderen Vorteil ergibt sich die Möglichkeit, sich von den ohnehin wohlfeilen Bändchen nur das gerade Interessierende auswählen und nach und nach anschaffen zu können.

Erschienen sind:

Band 1: **Die Bedeutung des Schachs.** Von Dr. H. V. Klein und Dr. F. Palitzsch. Oktav. 28 Seiten. 1924. Rm. —.75

Band 2: **Das Damengambit und Damenbauernspiel.** Von Kurt Emmrich. Mit 30 Partien und 75 Diagrammen. Oktav. 92 Seiten. 1924. Rm. 2.—

Band 3: **Die unregelmäßigen Verteidigungen der Damenbauereröffnung.** Von Kurt Emmrich. Mit 25 Partien und 52 Diagrammen. Oktav. 66 Seiten. 1924. Rm. 1.50

Band 4: **Schachschule für Anfänger.** Von Dr. F. Palitzsch. Oktav. 98 Seiten. 1925. Geh. Rm. 2.50, geb. Rm. 3.—

Band 5: **Die unregelmäßigen Spielanfänge.** Von Kurt Emmrich. Mit 25 Partien und 60 Diagrammen. 72 Seiten. 1925. Rm. 2.20

In Aussicht genommen sind u. a. noch folgende Bändchen:

A. Allgemeines.

Schach-Dichtung. — Schach-Humor. — Die Geschichte des alten Schachs. — Die Geschichte des modernen Schachs.

B. Partieschach.

Die Strategie der Spieleröffnung. — Die spanische Partie und verwandte Eröffnungen. — Das Mittelgambit und verwandte Eröffnungen. — Das russische und das französische Springerspiel. — Die Wiener Partie. — Das Königsgambit. — Die unregelmäßigen Verteidigungen der Königsbauereröffnung. — Die Behandlung des Mittelspiels. — Die wichtigsten Kapitel der Endspielpraxis. — Ausgewählte Studien aus Mittel- und Endspiel. — Ausgewählte Musterpartien.

C. Problemwesen.

Problemschule für Anfänger. — Die Stilarten in der Problemkunst. — Die logische Kombination. — Die direkte Kombination. — Die indirekte Kombination. — Ausgewählte Musterprobleme.

Preis jedes Bändchens im Umfang von ca. 4 Bogen etwa Rm. 2.—

E. Bogoljubow

Verlag von Walter de Gruyter & Co., Berlin.

VEITS KLEINE SCHACHBÜCHEREI
HERAUSGEGEBEN VON Dr. F. PALITZSCH
BAND 6

KLASSISCHE SCHACHPARTIEN

AUS MODERNEN ZEITEN

I. Teil: 1919—1920

BEARBEITET

VON

E. BOGOLJUBOW

MIT EINEM BILDNIS UND 42 DIAGRAMMEN

BERLIN UND LEIPZIG 1926

WALTER DE GRUYTER & CO.

VORMALS G. J. GÖSCHEN'SCHE VERLAGSHANDLUNG - J. GUTTENTAG, VERLAGS-
BUCHHANDLUNG - GEORG REIMER - KARL J. TRÜBNER - VEIT & COMP.

Druck von Metzger & Wittig in Leipzig.

Vorwort des Herausgebers.

Von vornherein war es im Plane von Veits kleiner Schachbücherei vorgesehen, die mehr theoretischen, dem Partieschach gewidmeten Bände durch Sammlungen von Meisterpartien nach der praktischen Seite hin zu ergänzen. Es ist beabsichtigt, diese Sammlungen allmählich von den ältesten bis zu den neuesten Zeiten zu einer gewissen Vollständigkeit auszubauen. Daß mit dem vorliegenden Bande, der die erste derartige Sammlung bildet, zunächst einmal die modernen Zeiten berücksichtigt werden, die der jetzigen Generation am nächsten liegen, ist ganz natürlich.

Man kann sagen, daß mit der Beendigung des Weltkrieges eine moderne Spielauffassung und Spielführung in der Meisterpraxis zum Durchbruch gekommen ist. Diese moderne Richtung konnte sich zunächst nur in kleineren Veranstaltungen, die meist im neutralen Schweden zustande kamen, betätigen, denn bis zur Veranstaltung von großen internationalen Turnieren mußte erst eine gewisse Zeit der Völkerberuhigung nach dem Kriege vergehen. Gerade diese Übergangszeit der Jahre 1919—1920 behandelt der vorliegende Band. Bogoljubow und Réti traten in diesen Jahren am meisten für die neuen Ideen in die Schranken und so ist es kein Zufall, daß sie in diesem Bande am meisten mit Partien vertreten sind.

Es ist mir eine besondere Genugtuung, daß in Bogoljubow einer der Hauptvertreter der modernen Spielweise zur Bearbeitung des vorliegenden Bandes gewonnen werden konnte. Bogoljubow hat sich in den letzten Jahren zu einem der ersten Spieler der Welt entwickelt und so kann es für den Schachfreund nichts besseres geben, als gerade von ihm die Geheimnisse moderner Spielführung ausgelegt zu bekommen. Der Leser wird finden, daß Bogoljubow mit ganz besonders tiefem Eindringen, ohne dabei weitschweifig und langweilig zu werden, die wertvollsten Partien der angegebenen Zeitspanne bearbeitet hat. Im Vorwort zum nächsten Band dieser Art (Band 7) werden wir ihn selbst das Wort ergreifen lassen zu seiner Methode der Partiebearbeitung, die er für die richtige hält und im Gegensatz zu vielen anderen Bearbeitern in seinen Büchern, mit denen er zum ersten Male in Deutschland literarisch an die Öffentlichkeit tritt, zur Anwendung gebracht hat.

Dresden, im Mai 1926.

Dr. Friedrich Palitzsch.

Inhaltsübersicht.

Wettkampf Tartakower-Réti.

In den Monaten Januar bis Februar 1919 fand in Wien ein Wettkampf zwischen obigen Spielern statt. Sieger: Dr. S. Tartakower + 3 − 2 = 5.

Partie Nr. 1.

Sizilianisch.

5. Partie des Wettkampfes.

R. Réti Dr. S. Tartakower

1. e2—e4 c7—c5
2. Sg1—f3 e7—e6
3. Sb1—c3 a7—a6

Paulsens Lieblingsverteidigung.

4. g2—g3 Sb8—c6
5. Lf1—g2 Sg8—f6
6. 0—0 Lf8—e7
7. e4—e5 ....

Dies führt zu einem offenen Spiel; der Eröffnungsvorteil von Weiß verflüchtigt sich indessen schnell. Besser ist natürlich 7. d2—d4.

7. .... Sf6—g4
8. Dd1—e2 Dd8—c7
9. Tf1—e1 d7—d6
10. e5—d6: Dc7—d6:

Sehr richtig; denn auf 10 .... Le7—d6: 11. Sc3—e4 müßte der Läufer wieder zurück nach e7. Die von einigen Glossatoren angegebene Variante 10. .... Le7—d6: 11. d2—d4 ist falsch wegen c5—d4: 12. Sc3—d5, Dc7—a5! (und nicht 12. .... Dd8 13. Sf3—d4:) 13. Sf3—g5, 0—0! 14. Lc1—d2, Da5—b5 usw. zum Vorteil von Schwarz.

11. d2—d3 0—0
12. Sf3—g5 Sg4—f6
13. Sc3—e4 Dd6—d8
14. Se4—f6 † Le7—f6:
15. De2—h5 h7—h6
16. Sg5—e4 Lf6—e7

Weiß steht bedeutend aggressiver. Doch hat Schwarz kein schlechtes Spiel dank der Gegendrohung Sc6—d4. Ein Fehler wäre jetzt 17. Se4—c5: wegen g7—g6.

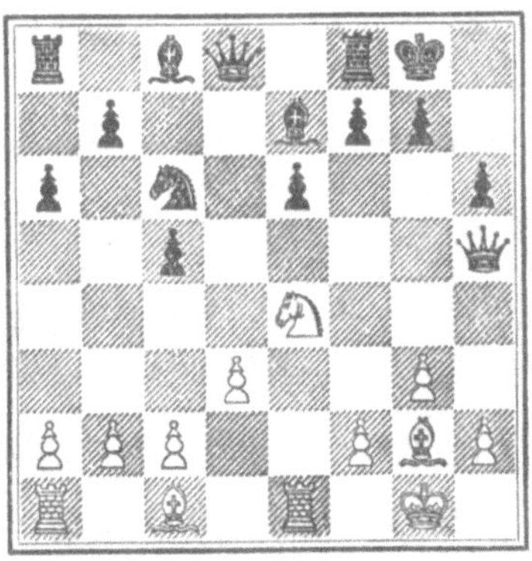

17. c2—c3(!!)? ....

Dies Positionsopfer muß Schwarz annehmen, sonst folgt Lc1—e3 (Réti).

Ein originelles, aber nicht ganz stichhaltiges Opfer; einfacher war 17. Lc1—e3, Sc6—d4 18. Ta1—c1, worauf nicht Dd8—c7 folgen darf wegen 19. b2—b4.

17. .... f7—f5!

Schwarz ist gezwungen, die Punkte e6 und e5 zu schwächen; denn bei sofortiger Annahme des Opfers 17. .... Dd8—d3: gewinnt Weiß mit folgender schönen Kombination: 18. Lc1—h6:!, g7—h6: 19. Tad1, Dd3—b5 20. Dh5—h6: (mit der Drohung Sf6†, Lf6:, Le4), f7—f5 21. Dg6†, Kh8 22. Sg5, Lg5: 23. Dh5†, Kg7 24. Dg5‡, Kh8! (wenn Kf7, so 25. Lf3, und wenn Kh7, so 25. Te4!) 25. Te1—e4!!, f5—e4: 26. Dg5—h6†, Kg8 27. Dg6†, Kh8 28. Lg2—e4:, Tf8—f5 29. Le4—f5:, e6—f5: 30. Td1—d6 mit baldigem Matt (Réti).

Wenn in dieser Variante Schwarz anstatt 20. .... f7—f5 20. .... Tf8—e8 spielt, so folgt 21. Td1—d5! (B.).

18. Se4—d2 Dd8—d3:

19. Sd2—f3 Dd3—c4

Mit der Absicht Dc4—g4. 19. .... Lc8—d7 war auch nicht besser wegen 20. Sf3—e5, Sc6—e5: 21. Te1—e5:, Ld7—e8 22. Dh5—f3 und Weiß gewinnt den Bauer bei vorzüglicher Stellung zurück (Réti).

Immerhin glaube ich, daß Schwarz anstatt 21. .... Le8 21. .... Dd3—d6 (ebensogut Dd3—b5) 22. Lc1—f4 (o. Te5—e1) Dd6—b6 spielen muß, weil so der weiße Angriff abgeschlagen wird.

20. Lc1—f4 Lc8—d7

21. Lg2—f1 Dc4—a4

Natürlich nicht Dc4—d5? wegen 22. c3—c4.

22. b2—b3 Da4—a5

23. Lf1—c4 Tf8—f6

Wenn 23. .... Da5—c3:, so 24. Sf3—e5 (Réti).

Da Réti die Variante nicht fortsetzt, so müssen wir es tun: 24. .... Sc6—e5: 25. Lf4—e5:, Dc3—a5 26. Te1—d1, Ld7—c8! und augenscheinlich kann Schwarz nichts passieren.

24. Sf3—e5 ....

24. .... Ld7—e8?

Der sofort verlierende Fehler.

Der ganze Kampf in dieser Partie wurde um den wichtigen strategischen Punkt e6 geführt; warum schwächt denn Schwarz freiwillig dessen Verteidigung? Es sollte geschehen 24. .... Sc6—e5: 25. Lf4—e5:, Tf6—f7 und auf 26. Tad1 oder 26. Le5—f4 unbedingt b7—b5!.

25. Se5—c6:! b7—c6:
26. Dh5—f3 Le8—d7
26. .... Le8—f7 27. Lf4—e5, Tfg6 28. Df3—c6:, Ta8—f8 29. Dc6—a6: usw. gewährte auch keine Rettung.
27. Ta1—d1 Ta8—a7
28. Lf4—e5 Tf6—f7
Auf 28. .... Tf6—g6 folgt 29. Df3—f5:.
29. Td1—d7: Ta7—d7:
30. Lc4—e6: Le7—f8
31. Df3—f5: Da5—a2:
32. Te1—e3 Aufgegeben.
Es ist lehrreich, daß Schwarz nicht an der Schwäche des Punktes e6 (der Mehrbauer war eine genügende Kompensation), sondern aus Inkonsequenz bei dessen Verteidigung zugrunde geht.

Das Berliner Viermeisterturnier.

Die russischen Meister E. Bogoljubow und A. Selessnew, die als Zivilgefangene $4^1/_2$ Jahre in Deutschland (Triberg) zugebracht haben, hielten sich 1919 einige Zeit in Berlin auf. Der Verlag B. Kagan ergriff die Gelegenheit und organisierte ein interessantes Viermeisterturnier, dessen Ergebnis aus folgender Tabelle zu ersehen ist.

März 1919	1	2	3	4	Sa.	Preis
1. Bogoljubow	—	1 1	1 1	½ ½	5	I.
2. Spielmann	0 0	—	1 0	½ ½	2	
3. Réti	0 0	0 1	—	½ ½	2	
4. Selessnew	½ ½	½ ½	½ ½	—	3	II.

Partie Nr. 2.

Spanisch.

E. Bogoljubow R. Spielmann

1. e2—e4 e7—e5
2. Sg1—f3 Sb8—c6
3. Lf1—b5 Sc6—d4

Birds Verteidigung, die dem Schwarzen ein ziemlich schweres Spiel verschafft. Wenn auch eine direkte Widerlegung noch nicht gefunden wurde, kann ich diese Verteidigung doch nicht empfehlen.

4. Sf3—d4: ....

Am energischsten; nicht übel ist auch 4. Lb5—a4.

4. .... e5—d4:
5. 0—0 c7—c6

Auf 5. .... Lf8—c5 empfiehlt „Collijns Lärobok“ folgende für Weiß günstige Fortsetzung: 6. d2—d3, Sg8—e7 7. Lc1—g5, 0—0 8. Dd1—h5, c7—c6 9. Lb5—a4, d7—d5 10. Sb1—d2 usw.

6. Lb5—a4 ....

Energischer wäre 6. Lc4, was Lf8—c5 wegen der Möglichkeit Lf7 † verhindert. Die Entwicklung des Läufers nach g7 ist nicht genügend, wie die Partie Tarrasch-Blackburne (Petersburg 1914) zur Evidenz beweist, z. B. 6. Lc4, g6 7. d3, Lg7 8. c3, Sg8—e7 9. c3—d4:, Lg7—d4: 10. Sc3, d6 11. Le3!, Ld4—g7 und Schwarz ist in der Entwicklung sehr zurück.

6. .... Lf8—c5
7. d2—d3 Sg8—e7
8. Sb1—d2 ....

Stärker ist 8. Lc1—g5.

8. .... 0—0
9. Dd1—h5 d7—d5
10. La4—b3 Lc8—e6
11. f2—f4 f7—f5

Schwerer wäre es für Weiß, bei 11. .... f7—f6! eine Angriffsfortsetzung zu finden.

12. Sd2—f3 h7—h6

12. .... f5—e4:? geht nicht wegen 13. Sf3—g5, Le6—f5 14. d3—e4:.

13. e4—e5! ....

Der Angriff von Weiß gegen den Königsflügel ist versandet, dafür verbürgt ihm aber der starke Bauer e5 ein gutes Spiel.

13. .... a7—a5
14. a2—a4 Dd8—e8

Ein überflüssiger Zug; die weiße Dame mußte von selbst zurück. Sie hat auf dem Königsflügel nichts mehr zu suchen.

15. Dh5—h4 Lc5—b6
16. Kg1—h1 c6—c5
17. c2—c3 d4—c3:(?)

Ein natürlicher, aber schwacher Zug, infolgedessen Weiß die b-Linie und eine gute Diagonale für den Lc1 erhält. Notwendig war 17. .... Se7—c6, um auf 18. c3—d4:—c5—c4 zu antworten. Überhaupt wäre der richtige Plan für Schwarz der Versuch, die Initiative auf dem Damenflügel — gestützt auf die Bauernmehrheit — zu erlangen.

18. b2—c3: Se7—c6
19. Lc1—a3! ....

Jetzt sind die schwarzen Mittelbauern unschädlich.

19. .... Tf8—f7
20. Dh4—f2 d5—d4

Erzwungen; denn auf 20. .... De8—e7 folgt 21. d3—d4. Jetzt und bei den folgenden Zügen stellt sich noch ein Nachteil des Zuges 14. .... Dd8—e8 heraus: der Läufer b6 ist ungedeckt.

21. Df2—a2! ....

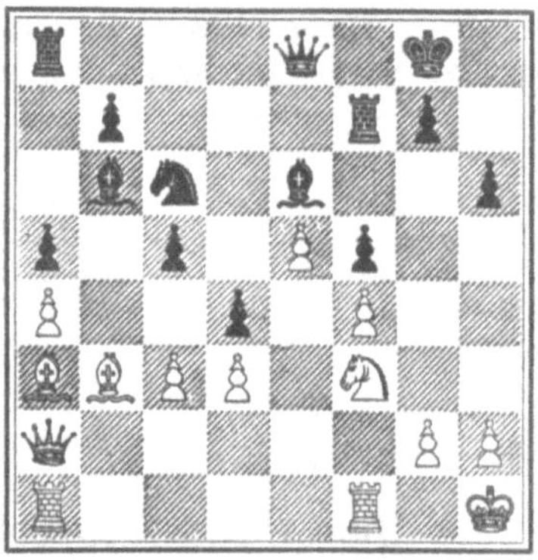

Es ist interessant, wie sich die Stellung während der vier letzten Züge geändert hat. Den unbedachten 17. Zug d4—c3:(?) ausnutzend, wirft Weiß seine Dame schnell auf den Damenflügel und zwingt Schwarz zur Verteidigung.

21. .... Sc6—d8

Ober 21. .... Le6—b3: 22. Db3: (wieder im kritischen Augenblick ist der Lb6 ungedeckt) mit nachfolgendem 23. c3—d4:.

22. c3—d4: c5—d4:
23. La3—d6 Lb6—a7
24. Ta1—b1 Le6—b3:
25. Da2—b3: De8—e6
26. Tf1—c1 De6—b3:
27. Tb1—b3: Sd8—e6
28. g2—g3 Ta8—d8
29. Tc1—c4 Tf7—d7
30. Tb3—b5 La7—b8!

Schwarz verteidigt sich sehr gut; Weiß muß sich mit dem Gewinn des Bauern a5 begnügen, denn auf 31. Sd4:(?) folgt Se6—d4: 32. Tc4—d4:, Lb8—d6 33. Tb5—d5, Kg8—f7 und Weiß ist gezwungen, 34. e5—d6:, Kf7—e6 35. Td5—e5†, Kf6 36. Te5—a5 usw. mit geringem Vorteil zu spielen.

31. Ld6—b8: Td8—b8
32. Tb5—a5: g7—g5
33. f4—g5: h6—g5:
34. Ta5—b5 Kg8—f7
35. a4—a5 Tb8—a8
36. Sf3—d2 Ta8—e8
37. Sd2—b3 Te8—e7
38. Kh1—g2 g5—g4
39. Kg2—f2 f5—f4
40. Sb3—d2! Kf7—g6
41. Sd2—e4 Td7—d8
42. Se4—c5! ....

Dies entscheidet. Wenn 42. .... Td8—d5, so 43. Tb5—b6, f4—g3 ‡ 44. Kf2—g3:, Td5—e5: (Kg6—f5 45. Sc5—b7:) 45. Sc5—e6:, Te7—e6: 46. Tb6—e6 ‡, Te5—e6: 47. Tc4—d4: und Weiß gewinnt leicht.

42. .... Se6—c5:
43. Tc4—c5: f4—g3 ‡
44. Kf2—g3:

Hier überschritt Schwarz die Zeit, allerdings in hoffnungsloser Stellung. Es wäre möglich: Td8—h8 45. Kg3—g4:, Th2: 46. Tb6†, Kg6—g7 47. Kg4—f5 und Weiß gewinnt noch den Bd4.

Partie Nr. 3.

Französisch.

R. Réti E. Bogoljubow

1. e2—e4 e7—e6
2. d2—d4 d7—d5
3. Sb1—c3 Sg8—f6
4. Lc1—g5 Lf8—b4

Eine sehr interessante, bis jetzt nicht genügend untersuchte Variante. 4. .... Lf8—e7 führt nach 5. e4—e5, Sf6—d7 6. h2—h4! zu einem für Schwarz sehr gefährlichen Angriff.

5. e4—d5: ....

Diese Fortsetzung empfiehlt Tarrasch als die einfachste und beste. Die Praxis hat indessen erwiesen, daß 5. .... Dd8—d5: 6. Lf6:, g7—f6: oder erst Lb4—c3 ‡ eher für Schwarz als für Weiß günstig ist. Die Voraussetzung Tarraschs, daß die Unordnung der schwarzen Bauern auf dem Königsflügel sich in der Folge mehr bemerkbar macht als die der weißen auf dem Damenflügel, ist unrichtig. Die Bauernstellung c2, c3, d4 ist eine der aussichtslos schlechtesten.

5. .... Dd8—d5:
6. Lg5—f6: ....

Das kann Schwarz nichts anhaben; denn meistens kommt er

zur langen Rochade. Am besten ist hier 6. Sg1—f3, Sf6—e4 7. Lg5—d2, Lb4—c3: 8. b2—c3: usw.

6. .... Lb4—c3 ‡
7. b2—c3: g7—f6:
8. Sg1—f3 b7—b6

Gut ist auch Maróczys Fortsetzung 8. .... Lc8—d7 mit nachfolgendem Ld7—c6.

9. g2—g3 ....

Weiß will rechtzeitig seine Rochadestellung gegen einen möglichen Angriff auf der g-Linie sichern. Der Punkt c4 wird indessen noch schwächer. Besser war es natürlich, Lf1—e2 mit nachfolgender Rochade zu spielen.

9. .... Lc8—b7
10. Lf1—g2 Dd5—e4†!
11. Ke1—f1 ....

Wenn 11. Ke1—d2, wie Tarrasch gegen Alechin (Petersburg 1914) gespielt hat, so stehen Schwarz zwei Fortsetzungen zur Verfügung a) 11. .... De4—f5 12. Dd1—e2, Sb8—c6 und b) 11. .... De4—g6 12. Sf3—h4, Dh6† 13. f4, Sc6 mit gutem Spiel. Am besten war es, die Unzulänglichkeit der Eröffnung zugebend, 11. Dd1—e2 zu spielen. Das Endspiel wäre für Weiß nicht gerade günstig.

11. .... De4—c6
12. Sf3—e1 Dc6—c4†
13. Dd1—d3 Lb7—g2 ‡
14. Kf1—g2: Dc4—c6†
15. f2—f3 f6—f5

Wenn sofort 15. .... Sb8—d7, so 16. Dd3—e4! mit erzwungenem Damentausch.

16. c3—c4 Sb8—d7
17. c2—c3 0—0—0
18. Dd3—e2 h7—h5
19. Kg2—f2 e6—e5!

Schwarz geht zum Angriff über! Falls 20. d4—e5:, so ist Dc6—c5† mit Sd7—e5: am einfachsten.

20. Se1—g2 Th8—e8
21. De2—c2! e5—e4!
22. f3—f4 ....

Wenn 22. Sg2—e3, so f5—f4! 23. g3—f4:, Dc6—f6 24. Se3—g2, e4—f3: 25. Kf2—f3:, Dc6† 26. Kf2 Sd7—f6! usw. mit sehr starkem Angriff.

22. .... Sd7—f6
23. Sg2—e3 ....

Nicht 23. h2—h3 wegen e4—e3† usw.

23. .... Sf6—g4†
24. Kf2—e2 Sg4—e3:
25. Ke2—e3: Dc6—c4:
26. Th1—d1 h5—h4
27. Dc2—b3 Dc4—c6
28. a2—a4 h4—g3:
29. h2—g3: Te8—g8
30. Td1—g1 a7—a5
31. Ta1—c1 Tg8—g7
32. c3—c4 ....

Nicht 32. Tg1—g2 wegen Td8—d4:! Besser war 32. Db5.

32. .... Dc6—d6
33. Db3—c3 Td8—g8
34. Ke3—f2(?) ....

Länger konnte sich Weiß mit 34. Ke3—e2!, Dd6—h6 35. Tg2! usw. halten. Jetzt folgt eine Katastrophe.

(S. Stellungsbild.)

34. .... Tg7—g3:!
35. Tg1—g3: Dd6—f4 ‡
36. Kf2—g2 Tg8—g3 ‡
37. Dc3—g3: Df4—c1:

Stellung nach dem 34. Zuge von Weiß.

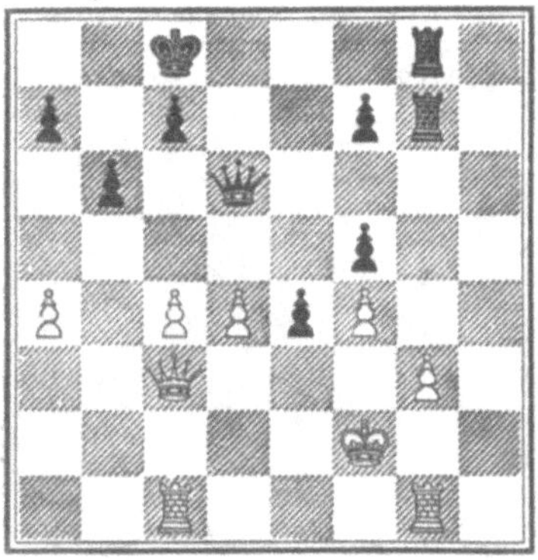

38. Dg3—g8† Kc8—b7
39. Dg8—f7: Dc1—g5†
40. Kg2—f1 Dg5—f4†

Weiß gibt auf.

Partie Nr. 4.

Indisch.

E. Bogoljubow R. Réti

1. d2—d4 Sg8—f6
2. Sg1—f3 d7—d6

Bei dieser Verteidigung, die von Tschigorin sehr oft angewandt wurde, hat Schwarz ein etwas beengtes Spiel im Zentrum. Dies führt aber nicht zum entscheidenden Nachteil, solange Schwarz keine schwachen Punkte hat.

3. Lc1—f4 ....

Um einstweilen den Zug e7—e5 zu verhindern. Mehr Schwierigkeiten bereitet dem Schwarzen die moderne Fortsetzung 3. c2—c4, Sb8—d7 4. Sb1—c3, e7—e5 5. g2—g3 usw.

3. .... Sb8—d7
4. Sb1—d2 g7—g6
5. e2—e4 Lf8—g7
6. Lf1—d3 0—0
7. h2—h3 c7—c6
8. 0—0 Dd8—c7
9. Lf4—h2 e7—e5
10. c2—c3 Sf6—h5
11. a2—a4! ....

In ähnlichen Stellungen ist für Schwarz der Zug b7—b5 von großer Wichtigkeit, um dem Weißen das Feld c4 zu nehmen. Wenn das dem Schwarzen gelingt, so hält sich Weiß an der Öffnung der a-Linie schadlos.

11. .... a7—a6
12. Sd2—c4 b7—b5
13. a4—b5: c6—b5:
14. Sc4—e3 Sd7—b6
15. g2—g4(!) ....

Kühn und zur rechten Zeit. Jetzt beginnt ein lebhafter Kampf.

15. .... Sh5—f4

Schwarz nimmt die Herausforderung an, da die Fortsetzung 15. .... e5—d4: ihm nichts Gutes verspricht.

16. Lh2—f4: e5—f4:
17. Se3—g2 ....

Das war die Absicht der beiden letzten Züge. Wenn jetzt 17. .... d6—d5, dann 18. Dd1—c1, h7—h5 19. e4—e5, h5—g4: 20. h3—g4:, Lc8—g4: 21. Dc1—f4:, und Weiß hat ein ausgezeichnetes Spiel. Um das zu vermeiden und den Bauern zu halten, muß Schwarz seinen Königsflügel schwächen.

17. .... h7—h5(!)
18. g4—h5: Lg7—h6!

Schwarz verteidigt sich sehr geschickt. Wenn sofort 18. .... Lc8—h3:, so 19. Sf3—g5, Lh3—g2: 20. Kg1—g2: mit starkem Angriff.

19. Sf3—h4 Lc8—h3:
20. Dd1—f3 Dc7—c8!

Sehr gut gespielt: nicht Dc7—d7, um das Feld d7 für den Springer frei zu halten.

21. Sh4—f5 Lh3—f5:
22. e4—f5: g6—g5!

Hiernach ist der Läufer h6 gehörig eingesperrt, aber der Springer g2 steht auch nicht besser.

23. Tf1—e1 Sb6—d7
24. Df3—d5 Dc8—b8

Wenn 24. .... Dc8—c7, so 25. Ld3—b5:, Sd7—f6 26. Dd5—c6 usw.; ebensogut ist 25. Te1—e7, Sd7—f6 26. Dd5—a8:, Dc7—e7: 27. Da8—a6:

25. f5—f6! Sd7—f6:
26. Dd5—f5 Db8—d8

Nicht 26. .... Kg8—g7 wegen 27. Te1—e7 mit der Drohung Df5—g6†. Jetzt droht Kg8—g7 mit nachfolgendem Dd8—c8, was den Damentausch erzwingt.

(S. Stellungsbild.)

27. f2—f3!! ....

Der Beginn eines unerwarteten und originellen Manövers.

Stellung nach dem 26. Zuge von Schwarz.

27. Kg1—h1 hätte nur zu einem guten Spiel für Schwarz geführt, z. B. Kg8—g7 28. Te1—g1, Tf8—h8! mit starkem Angriff.

27. .... Kg8—g7
28. Kg1—f2 Dd8—c8
29. Sg2—h4! ....

In seinem Buche „Neue Ideen im Schach" bemerkte Réti dazu: „Jetzt sieht man, wie bis auf ein Tempo genau die Kombination von Weiß berechnet war. Schwarz ist verloren; den S darf er wegen 30. Te1—g1† nicht nehmen. Nach dem Damentausch gewinnt Weiß leicht durch 30. Sh4—f5‡, Kg7—h7 31. Sf5—d6:, Kg7 32. Sf5†, Kh7 33. Te1—e7 und Schwarz hat keinen vernünftigen Zug mehr. Entfernt Schwarz die Dame von c8, so entscheidet 30. Te1—g1."

29. .... Tf8—h8
30. Te1—e7(?) ....

Weiß konnte jetzt sofort mit Df5—c8:! gewinnen.

30. .... Dc8—f5:

31. Sh4—f5† Kg7—g8
32. Te7—b7 Lh6—f8
33. h5—h6 Lf8—h6:
34. Ld3—b5: Lh6—f8
35. Kf2—g2 a6—a5
36. c3—c4! Aufgegeben.

Gegen die Drohung b2—b4 gibt es kein Gegengift. Eine von beiden Seiten originell und findig gespielte Partie.

Wettkampf Capablanca-Kóstic.

In Havana fand März bis April 1919 obige Begegnung statt, aus der Capablanca in glänzender Weise als Sieger hervorging. Er gewann fünf Partien hintereinander.

Partie Nr. 5.

Damenbauernspiel.

4. Partie des Treffens.

B. Kóstic J. R. Capablanca

1. d2—d4 Sg8—f6
2. Sg1—f3 e7—e6
3. Lc1—g5 ....

Um das Spiel zu verschärfen, aber dieser Ausfall des Läufers ist verfrüht. Solider ist 3. c2—c4.

3. .... c7—c5
4. e2—e3 Sb8—c6

Auf 4. .... Dd8—b6 antwortet Weiß am einfachsten 5. Dd1—c1.

5. c2—c3 Dd8—b6
6. Dd1—b3 d7—d5
7. Sb1—d2 Lc8—d7
8. Lf1—e2 c5—d4:(!)

Ein auf den ersten Blick unscheinbarer Zug, weil nach e3—d4: die Bauernstellung eher für Weiß günstig ist. Aber Capablanca nutzt hier die geringfügige Schwächung des Punktes f4 sehr geschickt aus. Wenn Kóstic etwas tiefer in die Stellung eingedrungen wäre, so hätte er gespielt 9. Db3—b6:, a7—b6: 10. Sf3—d4:! (droht das Feld b5 zu besetzen), Sc6—d4:! 11. e3—d4:. Nachdem Weiß die günstige Gelegenheit, den Springer c6 abzutauschen, versäumt, zwingt dieser später auf c4 postierte Springer den Weißen, die schwarze Bauernstellung auf dem Damenflügel zu konsolidieren.

9. e3—d4: Lf8—d6
10. 0—0 h7—h6!
11. Lg5—h4 Sf6—h5
12. Db3—b6: a7—b6:
13. Tf1—e1 g7—g5
14. Lh4—g3 ....

Jetzt erhält Schwarz zwei Läufer und das etwas bessere Endspiel. Der Versuch 14. Sf3—e5, Ld6—e5: 15. d4—e5: (nicht 15. Lh5:? wegen Le5—f4), Sh5—f4 16. Lh4—g3, Sc6—e5: usw. würde einen Bauern kosten.

14. .... Sh5—g3:
15. h2—g3: f7—f6
16. g3—g4 Ke8—f7
17. Sf3—h2 Sc6—a5
18. Sh2—f1 b6—b5
19. a2—a3 ....

Verhindert die Entdoppelung des Bauern durch b5—b4.

19. .... Sa5—c4
20. Sd2—c4: ....

Zu diesem die schwarze Bauernstellung verstärkenden Tausch ist Weiß früher oder später gezwungen, sonst behindert der Sc4 die weißen Steine allzusehr.

20. .... b5—c4:
21. Sf1—e3 Ta8—a6
22. g2—g3 Ta6—b6
23. Ta1—a2 Th8—a8
24. Le2—f3 Ta8—a5
25. Kg1—g2 Ta5—b5

Die schwarzen Türme haben auch wenig Spielraum, so daß Weiß vorläufig nichts zu fürchten braucht.

26. Te1—e2 Ld7—e8
27. Te2—d2 Kf7—g7
28. Lf3—d1 Le8—g6
29. Ld1—a4 Tb5—a5

Lg6—b1 führte zu nichts.

30. La4—c2 Lg6—c2:
31. Td2—c2: Kg7—g6
32. Tc2—e2 Ta5—b5
33. Se3—d1 ....

Kóstic verteidigt sich gut; der Turm a2 kann jetzt seinen freiwilligen Zufluchtsort aufgeben.

33. .... Ld6—f8
34. Ta2—a1 h6—h5
35. f2—f3 ....

Warum nicht einfach 35. g4—h5: Kg6—h5: 36. Ta1—c1 usw.?

35. .... h5—g4:
36. f3—g4: f6—f5
37. g4—f5†? ....

Unökonomisch gespielt; denn Schwarz erhält dadurch einen Mehrbauern auf dem Königsflügel. Gut war 37. Kg2—f3.

37. .... e6—f5:
38. Ta1—c1 Tb6—f6
39. Tc1—c2 Lf8—d6
40. Te2—e8 Kg6—f7
41. Te8—e1 f5—f4
42. g3—g4 f4—f3†!

Der letzte Gewinnversuch! Weiß drohte mit Kg2—f3 und Sd1—f2 eine feste Stellung einzunehmen.

43. Kg2—f2 Tf6—h6!
44. Kf2—f3: Th6—h3†
45. Kf3—e2 Th3—h2†
46. Sd1—f2 Ld6—g3

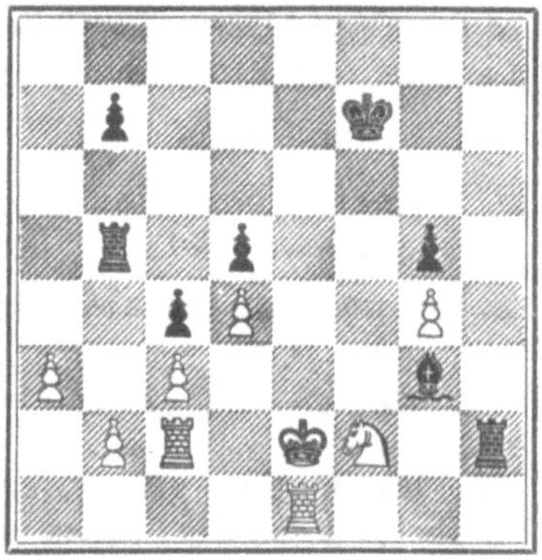

47. Te1—f1? ....

Der entscheidende Fehler. Nach Selessnew konnte Weiß mit Ke2—f1! die Partie retten, und zwar Th2—f2† 48. Tc2—f2†, Lg3—f2: 49. Kf1—f2:, Tb5—b2† 50. Te1—e2, Tb2—b3 (der Tausch führt zum Remis) 51. Te2—e5, Tb3—c3: 52. Te5—d5:, Tc3—a3: 53. Td5—c5! und auf c4—c3 oder Ta3—a4 führt Kf2—e3 leicht zum Remis.

47. .... Tb5—b6
48. Ke2—f3 Lg3—h4
49. Kf3—e2 Tb6—f6

Jetzt sind alle weißen Figuren gebunden.

50. Ke2—e3 b7—b5!

51. Tc2—d2 Kf7—e7
52. b2—b4 ....

Verzweiflung! Macht Weiß abwartende Züge, so folgt Lh4—g3, wonach Schwarz seinen König nach a4 führt, alle Figuren tauscht und den wichtigen Bb2 gewinnt.

52. .... c4—b3:!
53. Sf2—d3 Th2—d2:

Weiß gibt auf.

Das Stockholmer Turnier November-Dezember 1919.

Der schwedische Mäzen Ludwig Collijn veranstaltete eine Reihe von Kämpfen, darunter obiges Turnier, dessen Ergebnis war: Bogoljubow $12^1/_2$ (aus 15), Spielmann $10^1/_2$, Réti $8^1/_2$, Nyholm $5^1/_2$, Olson $4^1/_2$ und Jacobson $3^1/_2$.

Partie Nr. 6.

Spanisch.

E. Bogoljubow R. Réti

1. e2—e4 e7—e5
2. Sg1—f3 Sb8—c6
3. Lf1—b5 f7—f5
4. Sb1—c3! ....

Die einfachste Widerlegung von 3. .... f7—f5. Schwarz hat jetzt zwei Fortsetzungen, und zwar a) 4. .... Sg8—f6 5. e4—f5:!, e5—e4 6. Sf3—g5, d7—d5 7. d2—d3, Lc8—f5 8. d3—e4:, d5—e4: 9. Dd1—e2, Lf8—b4 10. Lc1—d2, Dd8—e7 11. De2—c4 mit Vorteil für Weiß und b) 4. .... f5—e4: 5. Sc3—e4:, d7—d5 (oder 5. .... Sg8—f6 6. Se4—f6:, g7—f6: 7. d2—d4) 6. Sf3—e5:!, d5—e4: 7. Se5—c6:, Dd8—g5 (oder Dd8—d5 8. c2—c4, Dg5 9. d2—d4, Dg2: 10. Dh5† usw. Wenn aber 7. .... b7—c6:, so 8. Lb5—c6 ‡, Ld7 9. Dh5†) 8. Dd1—e2, Sg8—f6 (wenn Dg2:, so Dh5†) 9. f2—f4!, Dg5—f4: 10. Sc6—e5† mit nachfolgendem 11. d2—d4 zum Vorteil für Weiß. Auf diese Variante weist Relfsan im „Lärobok" hin.

4. .... Sc6—d4

Ein gewagtes Experiment.

5. Lb5—c4 c7—c6
6. 0—0 ....

Noch energischer war 6. Sf3—e5:, Df6 7. Se5—f7:, d7—d5 8. Sc3—d5: oder 8. Sf7—h8:.

6. .... Sd4—f3 ‡

Schwarz vernachlässigt die Entwicklung. Besser 6. .... d7—d6.

7. Dd1—f3: Dd8—f6

8. d2—d4! e5—d4:
9. e4—e5 Df6—h4

Die Annahme des Opfers wäre zu gewagt.

10. Sc3—e2 Lf8—c5

11. b2—b4! ....

Zwingt den Läufer nach b6, wo er bei der Verteidigung des Königsflügels nicht mehr mitspricht. Lc5—b4: würde wegen 12. Db3 eine Figur kosten.

11. .... Lc5—b6

12. g2—g3 ....

Noch stärker war zunächst Df3—b3.

12. .... Dh4—e4!

13. Df3—b3 Sg8—e7

Schwarz versäumt 13. .... De4—e5:! 14. Lc4—g8:, d7—d5!, wonach er sich noch lange verteidigen konnte. Allerdings wäre der weiße Angriff auch dann unwiderstehlich, z. B. 15. Lc1—b2!, Th8—g8: 16. Se2—d4:!.

14. Lc1—g5 h7—h6

15. Lc4—f7† Ke8—d8

16. Lg5—e7 ‡ Kd8—e7:

17. Se2—f4 Aufgegeben.

Ein gutes Beispiel dafür, wie gefährlich es ist, in der Eröffnung zu künsteln.

Partie Nr. 7.

Max Lange-Angriff.

A. Olson R. Spielmann

1. e2—e4 e7—e5

2. Sg1—f3 Sb8—c6

3. Lf1—c4 Sg8—f6

4. d2—d4 e5—d4:

5. 0—0 Lf8—c5

Die modernen Theoretiker kennen folgende Fortsetzung, die ich für die beste (für Schwarz) halte: 5. .... Sf6—e4: 6. Tf1—e1, d7 d5 7. Lc4—d5:, Dd8—d5: 8. Sb1—c3, Dd5—a5!

6. e4—e5 d7—d5

Möglich ist 6. .... Sf6—g4.

7. e5—f6: d5—c4:

8. Tf1—e1† Lc8—e6

9. Sf3—g5 g7—g6

Gewöhnlich geschieht hier 9..... Dd8—d5 10. Sb1—c3, Dd5—f5 usw. Spielmann will wohl eine weniger befahrene Straße aufsuchen.

10. Sb1—d2 ....

Die andern Angriffsversuche, wie 10. Dg4, 10. Df3 oder 10. Te6 ‡ sind — wie Dr. Henneberger in der „Schweizer Schachzeitung" 1918 gezeigt hat — infolge der Schwäche des weißen Damenflügels nicht stichhaltig.

10. .... Dd8—d5

11. Sd2—e4 0—0—0

11. .... 0—0 führt zum Vorteil von Weiß, z. B. 12. Sg5—e6:, f7—e6: 13. Lc1—h6, Tf7 14. Se4—c5:, Dc5: 15. Te1—e6:, Dc5—f5 16. Dd1—e2, Tf7—f6: 17. Te6—e8†, Ta8—e8: 18. De2—e8 ‡, Tf6—f8 19. Lh6—f8:, Df5—f8: 20. De8—e6†, Df8—f7 21. De6—c8†, Kg8—g7 22. Dc8—b7: usw. Ebenso 11. .... Ke8—d7 12. Sg5—e6:, f7—e6: 13. f6—f7!, Lc5—e7 14. Lc1—h6.

12. Sg5—e6: f7—e6:

13. Se4—c5: Dd5—c5:

14. Lc1—h6! Dc5—f5

15. Dd1—f3 e6—e5 (?)

Der Bf6 mußte mit 15. .... Td8—d7 unbedingt aufgehalten werden.

16. f6—f7! Df5—f3:

17. g2—f3: Kc8—d7
18. f3—f4 e5—f4:
19. Te1—e4 g6—g5
20. Ta1—d1! ....

Weiß droht durch Td4‡! einen Offizier zu gewinnen. Auf 20. .... Td8—b8 folgt 21. h2—h4, g5—h4: 22. Te4—f4:.

(S. Stellungsbild.)

20. .... Td8—f8
21. Lh6—g7! b7—b5
22. Td1—e1 d4—d3

Erzwungen, da Lg7—h8: und Te4—e8 drohte.

23. c2—d3: c4—d3:
24. Te1—d1 Sc6—d8
25. Td1—d3† Kd7—c6
26. Lg7—h8: Tf8—h8:

Stellung nach dem 20. Zuge von Weiß.

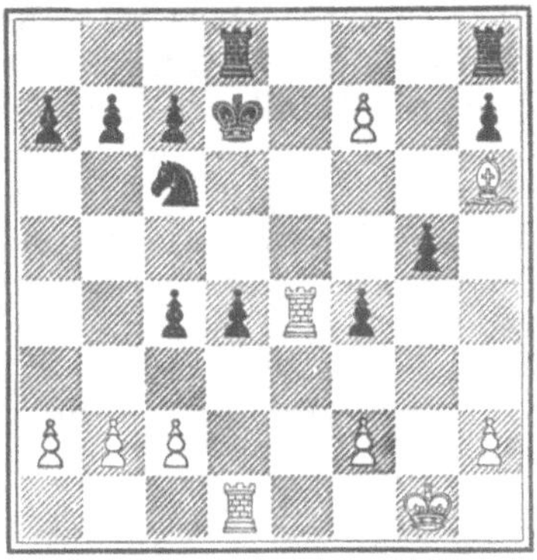

27. Td3—d8: Th8—d8:
28. Te4—e8 Aufgegeben.

Olson hat die Partie einfach und energisch durchgeführt.

Das Stockholmer Viermeisterturnier Dezember 1919.

Als Sieger ging Spielmann mit $7^1/_2$ (aus 12) hervor, dann folgen Rubinstein 6, Bogoljubow $5^1/_2$ und Réti 5.

Partie Nr. 8.

Vor dem Beginn gespielte Konsultationspartie. Königsgambit; Breyers Angriff. Weiß: Bogoljubow, Réti und Spielmann; Schwarz: Nyholm, Olson, Englund und Jakobson.

1. e2—e4 e7—e5
2. f2—f4 e5—f4:
3. Dd1—f3 ....

Der Zug rührt von Breyer her. Die Turnierpraxis hat erwiesen, daß das angenommene Königsgambit für Weiß den Nachteil hat, bei Sg1—f3 die weiteren Operationen auf der f-Linie zu erschweren, während bei 3. Lf1—c4 (dem Läufergambit) Schwarz Gelegenheit hat nach 3. .... d7—d5 4. Lc4—d5:, mit Dd8—h4† die weiße Rochade zu stören. Somit ist die Idee des Königsgambits, die Operation auf der f-Linie, unausführbar. Mit dem Breyerschen Zuge 3. Dd1—f3 will sich Weiß die Gelegenheit dazu erhalten. Dieser Zug hat indessen einen Nachteil, und zwar widerspricht er einem Grundprinzip des Schachspiels; denn die Dame wird hier vor Beendigung der Eröffnung gezogen. Seine Widerlegung besteht darin, daß sich Schwarz mit Tempogewinn entwickelt, indem er die weiße Dame mit seinen leichten

Offizieren angreift. Ein gutes Beispiel für solche Strategie liefert die Partie Nr. 34 Spielmann-Tarrasch (Göteborg 1920).

3. .... d7—d5

Hiermit erlangt Schwarz zwar eine gute Entwicklung, gibt aber den Bauern wieder zurück. Am besten ist 3. .... Sb8—c6.

4. e4—d5: Sg8—f6
5. Sb1—c3 Lf8—d6
6. Lf1—b5† Sb8—d7
7. d2—d4 0—0
8. Sg1—e2 Sd7—Sb6
9. 0—0 Lc8—g4
10. Df3—f2 Sb6—d5:

Vorzuziehen war zunächst 10. .... f4—f3.

11. Sc3—d5: Sf6—d5:
12. Se2—f4: c7—c6
13. Lb5—c4 Ld6—c7

Sehr gut war hier 13. .... Lg4—e6!, denn nach 14. Sf4—e6:, f7—e6: ist Schwarz glänzend entwickelt.

14. h2—h3 Lc7—f4:(?)

Unkonsequent gespielt. Auch hier hätte 14. .... Lg4—e6 15. Sf4—e6:, f7—e6: 16. Df2—f8‡, Dd8—f8: zum schnellen Ausgleich geführt.

15. Lc1—f4: Sd5—f4:
16. Df2—f4: Lg4—h5

Das geringere Übel war immer noch 16. .... Lg4—e6. Jetzt beginnt der Angriff auf den Linien f und e.

17. Ta1—e1 Dd8—d7
18. Te1—e5! Lh5—g6

(S. Stellungsbild.)

19. h3—h4(!!) ....

Ein glänzendes Opfer. Weiß führt den Angriff auf f7 folge-

Stellung nach dem 18. Zuge von Schwarz.

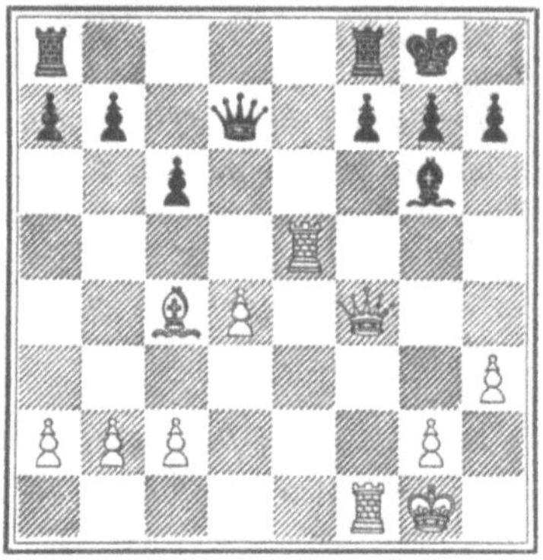

richtig durch. Aber auch jetzt noch nach allen Sünden, konnte Schwarz wahrscheinlich mit 19. .... Ta8—e8! doch noch remis erreichen, z. B. 20. h4—h5, Te8—e5:! (nicht Lc2:? 21. Df7‡!!, Tf8—f7: 22. Tf1—f7:, Dd7—d4‡ 23. Tf7—f2†, Dc4: 24. Te5—e8‡) 21. d4—e5: (nicht 21. De5: wegen Lh5:) Lg6—h5: 22. e5—e6, Dd7—e7 23. Df4—e5, f7—f5! 24. Tf1—f5: (mit Tf1—f2, b7—b5 25. Lb3, c6—c5 26. Ld5! ist die Spannung länger aufrecht zu erhalten, aber ein Gewinn ist auch hier nicht zu sehen), Tf8—f5: 25. De5—f5:, Lh5—g6 26. Df5—e5, h7—h6 usw.

19. .... Lg6—c2:?

Der entscheidende Fehler.

20. Df4—e3! Ta8—d8
21. Tf1—f7:! Tf8—f7:
22. Te5—e7 Dd7—c8

Natürlich nicht Dd7—d4:? wegen 23. De3—d4:, Td4: 24. Te8‡.

23. Te7—f7: Kg8—h8
24. Tf7—g7:! Aufgegeben.

Wenn Kh8—g7: so 25. De7† und Matt im nächsten Zuge.

Eine sowohl was die Kombinationen anbetrifft, wie auch für die Beurteilung der Vor- und Nachteile des Königsgambits lehrreiche Partie.

Partie Nr. 9.

Damenbauereröffnung.

R. Réti E. Bogoljubow

1.	d2—d4	Sg8—f6
2.	e2—e3	e7—e6
3.	Lf1—d3	c7—c5
4.	Sb1—d2	Sb8—c6
5.	c2—c3	Lf8—e7
6.	Sg1—f3	....

Weiß hat eine ziemlich zurückhaltende Entwicklung gewählt. 6. f2—f4 wäre möglich, worauf Schwarz ein gutes Gegenspiel in d7—d6 und e6—e5! hat.

6.	....	0—0
7.	Sf3—e5	b7—b6
8.	Dd1—f3	Dd8—c7!
9.	0—0	Lc8—b7
10.	Se5—c6:	Lb7—c6:
11.	Df3—h3	d7—d5
12.	g2—g4(?)	....

Hier nicht am Platze. Dieser primitive Angriffszug hat in der Hauptsache nur dann Aussichten auf Erfolg, wenn Weiß das Zentrum beherrscht und einen gut verteidigten Springer auf e5 hat.

12.	....	e6—e5!
13.	f2—f3	h7—h6

Ebenfalls gut war e5—e4 oder g7—g6.

14.	Dh3—g2	Ta8—e8
15.	Kg1—h1	e5—d4:
16.	e3—d4:	Le7—d6

Zunächst mußte c5—c4! geschehen, was dem Weißen jede Angriffschance genommen hätte. Nach Ld3—c2, Le7—d6 18. g4—g5, h6—g5: 19. Dg2—g5:, Ld6—f4 durfte dann Weiß nicht 20. Dg5—h4 wegen des tödlichen Te8—e2 spielen.

17.	g4—g5	h6—g5:
18.	Dg2—g5:	Ld6—f4

Einfacher war 18. .... Sf6—h7 19. Dg5—h5, g7—g6 20. Tf1—g1, Kg8—h8 mit unangreifbarer Königsstellung und starkem Angriff.

19.	Dg5—h4	....

Eine an Möglichkeiten überaus reiche Stellung! Der naheliegende Zug ist hier 19. .... c5—c4; denn auf 20. Ld3—c2 entscheidet sofort Te8—e2 21. Tf1—f2, g7—g5! Deswegen muß Weiß auf 19. .... e4 einen Gegenangriff einleiten, z. B. 20. Sd2—e4, d5—e4: 21. Lc1—f4:, e4—f3:! 22. Kg1, Dc7—d7 23. Ld3—c4:, Dd7—f5! 24. Ta1—e1, Sf6—g4 25. Lf4—g3, Df5—c2, 26. Lg3—f2 (auf Dh4—h3 entscheidet f3—f2†), Sg4—e3! und Schwarz gewinnt die Qualität. Weiß hat aber eine viel einfachere Verteidigung in 20. Tf1—g1!, c4 d3: 21. Dh4—f6:, g7—g6 22. Sd2—f1 usw.

(S. Stellungsbild.)

19.	....	Te8—e3!

Die einzige, den Vorteil festhaltende Fortsetzung. Auf 20. La6 folgt c5—c4 21. Tf1—g1, Te3—e6! 22. Sd2—f1, Lf4—c1: 23. Ta1—c1: Sf6—d7! 24. Sf1—g3, Te6—h6 25. Dh4—e7, Dc7—f4 26. Tc1—f1, Th6—e6 27. De7—a3, Sd7—f6! mit ausgezeichnetem Spiel für Schwarz.

Stellung nach dem 19. Zuge von Weiß.

20. Tf1—g1 Te3—d3:
21. Dh4—f6: g7—g6
22. Sd2—f1! ....

Ungenügend wäre 22. Tg1—g6‡, f7—g6: 23. Df6—g6‡, Dc7—g7 24. Dg6—d3:, Dg7—h6 25. Sd2—f1 (oder 25. Dd3—e2, Tf8—e8 26. De2—g2†, Kg8—h8 mit der Drohung Te1†), Lf4—c1: 26. Ta1—c1:, Dh6—c1: und Weiß hat kein ewiges Schach. Wenn Weiß anstatt 20. Dg6—d3: den Läufer c6 nimmt, so gewinnt Schwarz mit c5—d4:!

22. .... Td3—f3:
23. Kh1—g2! Lf4—c1:!
24. Kg2—f3:! ....

Schwarz erwartete hier 24. Df6—f3:, worauf Lc1—b2:, 25. Tb1, c5—d4:! leicht gewann. Der Textzug bildet für ihn eine unangenehme Überraschung.

24. .... Lc1—b2:!
25. Ta1—e1 Lb2—c3:!
26. Te1—e7 ....

(S. Stellungsbild.)

26. .... Lc3—d4:?

Der entscheidende Fehler. Dr. Tarrasch hat (in Kagans N.

Stellung nach dem 26. Zuge von Weiß.

Schachnachrichten 1921) nachgewiesen, daß der weiße Angriff nicht durchdringt. Schwarz mußte nur 26. .... Dc7—d8! spielen. Der Angriff Tg6‡, f7—g6: ist schon am Ende, da die weiße Dame gefesselt ist. Weiß kann hingegen die Königsstellung nicht verbessern, weil auf Kf3—e2, Dd8—e7‡ mit Tf8—e8 gewinnt und auf andre Züge einfach Lc3—d4: folgt.

27. Te7—c7: Ld4—f6:
28. Tc7—c6: Lf6—d4

Schwarz hat vier Bauern für den Turm, aber das ist zu wenig.

29. Tg1—g2 Tf8—d8
30. Tg2—e2 Kg8—f8
31. Tc6—c7 Ld4—f6
32. Tc7—a7: d5—d4
33. Ta7—c7 d4—d3
34. Te2—g2 Td8—d5
35. Sf1—e3 d3—d2
36. Kf3—e2 Td5—d8
37. Ke2—d1 Lf6—c3
38. Se3—c4 Td8—a8
39. a2—a3 Ta8—a4
40. Tg2—g4! f7—f5

Auch b6—b5 nützte nichts wegen

41. Tc7—c5:, b5—c4: 42. Tg4—c4: und Weiß gewinnt.

41. Tg4—g6: Aufgegeben.

Partie Nr. 10.

Damengambit.

E. Bogoljubow A. Rubinstein

1. d2—d4 d7—d5
2. c2—c4 e7—e6
3. Sg1—f3 Sg8—f6
4. Sb1—c3 Lf8—e7
5. Lc1—g5 Sb8—d7
6. e2—e3 c7—c6
7. Lf1—d3 0—0
8. 0—0 d5—c4:
9. Ld3—c4: Sf6—d5

Diese Verteidigung war in letzter Zeit sehr in Mode. Schwarz erhält ein etwas beengtes, aber nicht übles Spiel.

10. Sc3—e4! Le7—g5:
11. Se4—g5: h7—h6
12. Sg5—e4 Dd8—e7
13. Ta1—c1 Sd5—b6
14. Lc4—b3 Tf8—d8
15. Tf1—e1 ....

Dies verhindert indirekt den Zug e6—e5. Hierauf würde 16. Dd1—c2 folgen. Wenn dann 16. .... e5—d4:, so 17. e3—d4:, De7—f8 18. Se4—g5!, h6—g5: 19. Sf3—g5:, Sd7—f6 20. Lf7 ✝ und Schwarz muß die Dame geben, weil nach Kg8—h8 21. Te4 der weiße Angriff unwiderstehlich wird.

15. .... Sd7—f8
16. Dd1—e2 ....

Mehr Schwierigkeiten würde dem Schwarzen 16. Se4—c5 oder 16. Dd1—c3 bereiten.

16. .... Lc8—d7
17. Sf3—e5 Ld7—e8
18. f2—f4 f7—f6
19. Se5—f3 Le8—f7
20. g2—g4 (?) ....

Dies und besonders das weitere Vorrücken des Bauern ist verfehlt; Schwarz steht zu fest.

20. .... Sb6—d7!
21. Lb3—c2 Ta8—c8

Das befreiende c6—c5 ist jetzt genügend vorbereitet, und Weiß hätte am besten 22. Lc2—b3 gespielt, um möglichst viel Figuren zu tauschen. In diesem Falle wäre es ihm nicht schwer gefallen, remis zu erreichen.

22. g4—g5 (?) h6—g5:
23. f4—g5: f6—f5
24. Se4—g3 g7—g6
25. Te1—f1 Td8—e8
26. De2—g2 e6—e5

Schwarz bricht im Zentrum durch, was Weiß jetzt sehr ungelegen kommt.

27. Lc2—f5:! ....

Es ist interessant zu beobachten, daß sogar diese taktische Überraschung nichts in strategischer Hinsicht ändert.

27. .... e5—d4:!

Die Annahme des Opfers wäre nicht ungefährlich, z. B. 27. .... g6—f5: 28. Sg3—f5:, De7—e6 29. Sf5—h6†, Kg8—g7 30. Sh6—f7:, De6—f7: 31. Sf3—e5: und Weiß hat 3 Bauern für die Figur.

28. Dg2—h3 ....

Wenn 28. e3—d4:, so g6—f5: 29. Sg3—f5:, De7—e6 30. Sf5—h6†, Kg7 31. Sf7:, Kf7: und Schwarz gewinnt.

28. .... De7—e3‡

29. Kg1—g2 Lf7—d5?

Geistreich, aber nicht das Stärkste! Wie E. Rabinowitsch gezeigt hat, muß Schwarz nach 29. .... g6—f5: 30. Sg3—f5:, Lf7—e6! 31. Tc1—e1, De3—d3 32. Sf5—h6†, Kg8—g7 33. Te1—e6:, Te8—e6: 34. Sh6—f5†, Kg7—g8 35. Sf5—h6†, Te6—h6:! gewinnen.

30. Lf5—d7: Sf8—d7:

31. Dh3—d7: ....

31. .... Te8—f8?

Gewinnt den Offizier zurück, aber verliert die Partie. Rubinstein selbst hat die richtige Fortsetzung angegeben 31. .... Tc8—d8!!, in der Absicht, mit dem Vormarsch des Freibauern zu beginnen, z. B. 32. Dd7—g4, d4—d3! (nicht Tf8? wegen 33. Tc1—c5!, Tf8—f4 34. Tc5—d5: zum Vorteil von Weiß) 33. Tc1—e1 (oder Sg3—h5?, g6—h5: 34. Dg4—h5:, Te8—e7! 35. Tc1—e1, Ld5—f3† und Schwarz gewinnt), d3—d2(!!) 34. Te1—e3:, Te8—e3: (der Freibauer entschädigt Schwarz für den Verlust der Dame!) 35. Tf1—d1!, Td8—f8 36. Td2:, Ld5—f3‡ 37. Kd2—f2 remis.

Oder 33. .... De3—e1: 34. Tf1—e1:, Te8—e1: 35. Sg3—f1! (nicht 35. Kg2—f2 wegen Lf3: 36. Dg4—c4†, Lf3—d5 37. Dc4—d3:, Te1—e6 zum Vorteil für Schwarz), Te8—f8 36. Sf1—d2, Te1—e3 (oder Tf3: 37. Sf3:, d3—d2 und Weiß hält ewiges Schach) 37. Dg4—d4! und Weiß wird nicht verlieren.

32. Tc1—e1! Ld5—f3‡

Auf De3—f4 folgt 33. Te1—e7, Ld5—f3‡ 34. Kg2—g1 usw. oder 32. .... Tf8—f3: 33. Te1—e3:, Tf3—f7† 34. Dd7—d5:.

33. Kg2—h3 De3—d2

Falls De3—f4, so 34. Tf1—f3:, Df4—f3: 35. Te1—e7.

34. Dd7—e6† Kg8—g7

35. De6—e5† Kg7—h7

Bei 35. .... Kg7—g8 konnte sich Schwarz etwas länger halten, z. B. 36. Tf1—f3:, Tf8—f3: 37. Te1—e4!, Tc8—f8 38. Te4—h4 und Weiß gewinnt.

36. Tf1—f3: Tf8—f3:

37. Te1—e4 Aufgegeben.

Partie Nr. 11.

Vierspringerspiel.

R. Spielmann E. Bogoljubow

1.	e2—e4	e7—e5
2.	Sg1—f3	Sb8—c6
3.	Sb1—c3	Sg8—f6
4.	d2—d4	Lf8—b4

Gewöhnlich geschieht hier 4. .... e5—d4: 5. Sf3—d4:, Lb4 6. Sd4—c6:, b7—c6: 7. Ld3, d5 8. e4—d5:, worauf Schwarz, wie Bogoljubow gezeigt hat, mit Dd8—e7†! 9. Dd1—e2, Sf6—d5: ausgleichen kann. Der hier gewählte Zug ist indessen auch nicht schlecht.

5. Sf3—e5:! ....

Der stärkste, von Krause herrührende Zug. In einer anderen gegen mich gespielten Partie versuchte Spielmann 5. d4—d5, worauf folgte Sc6—e7 6. Sf3—e5:, d7—d6! 7. Se5—d3 (wenn 7. Lb5†, so folgt der von mir erfundene Angriff c7—c6! 8. d5—c6:, 0—0 usw.), Lb4—c3‡ 8. b2—c3:, Sf6—e4: 9. Dd1—f3 (9. c3—c4 ist wegen c7—c6! nicht gut), Se4—c3:! 10. Sd3—f4, Sc3—a4 (in der Absicht, auf 11. Lb5†, c7—c6 zu antworten, denn auf Ld7 folgt 12. Sf4—e6!) 11. Lf1—d3 und Schwarz konnte sich mit Sa4—c5 den Besitz des Mehrbauern sichern.

5. .... Dd8—e7

Nachträglich fand ich folgende, das Spiel ausgleichende Fortsetzung: 5. .... Sf6—e4:! 6. Dd1—g4, Se4—c3: 7. Dg4—g7:, Th8—f8 8. a2—a3!, Lb4—a5 9. Se4—c6:!, d7—c6: 10. Dg7—e5†, Dd8—e7 11. De5—e7‡, Ke8—e7: 12. Lc1—d2, Lc8—f5 13. Ld2—c3:, La5—c3‡ 14. b2—c3:, Lf5—c2: 15. Ke1—d2, Lc2—g6 16. Ta1—e1†, Ke7—d6 17. Lf1—c4 mit befriedigendem Spiel.

Krause ist aber in „Tidskrift för Schack“ der Ansicht, daß das weiße Spiel infolge der besseren Bauernstellung den Vorzug verdiene. Wir sind mit Krause nicht einverstanden. Schon nach dem ersten Zuge 17. .... c6—c5 flößt die weiße Bauernstellung kein besonderes Vertrauen ein.

6. Dd1—d3! ....

Ein sehr guter, die Verdoppelung auf der c-Linie verhindernder und die lange Rochade vorbereitender Zug.

6.	....	Sc6—e5:
7.	d4—e5:	De7—e5:
8.	Lc1—d2	0—0
9.	0—0—0	Lb4—c3:?

d7—d6 mußte geschehen.

10. Ld2—c3: De5—e4:

Wenn De5—f4†, so 11. Td1—d2! und Sf6—e4:? wäre falsch wegen 12. Dd3—d4 und f2—f3.

11.	Dd3—g3!	De4—g6
12.	Lf1—d3!	Dg6—h6†

Nach Dg6—g3: 13. h2—g3: ist das Endspiel für Weiß gewonnen.

13. Lc3—d2 Dh6—h5
14. Dg3—c7 d7—d5
15. Ld2—b4! ....

Materieller Verlust ist für Schwarz nicht mehr zu vermeiden; denn auf Tf8—e8 folgt 16. Ld3—b5, Dh5—e5 17. Lb4—d6.

15. .... Lc8—g4
16. Lb4—f8: Lg4—d1:
17. Lf8—e7 Ld1—g4
18. Dc7—b7: Ta8—e8
19. f2—f3 Lg4—f3:

Verzweiflung!

20. g2—f3: Dh5—f3:
21. Th1—e1 Df3—f4†

Wenn Df3—f2, so 22. Db7—b4!.

22. Kc1—b1 Df4—h2:
23. a2—a4 a7—a5
24. Te1—e2 Dh2—g1†
25. Kb1—a2 Dg1—d4
26. Ld3—b5 Sf6—e4
27. Te2—g2 Se4—d2
28. Tg2—d2: Dd4—d2:
29. Lb5—e8: h7—h5
30. Le8—f7‡ Aufgegeben.

Partie Nr. 12.

Damenbauernspiel.

A. Rubinstein E. Bogoljubow

1. d2—d4 Sg8—f6
2. Sg1—f3 e7—e6
3. Lc1—f4 ....

Nicht schlecht, jedoch ist hier c2—c4! die einzige starke Fortsetzung.

3. .... c7—c5!
4. e2—e3 Dd8—b6
5. Dd1—c1 Sb8—c6
6. c2—c3 d7—d5
7. h2—h3 Lc8—d7
8. Sb1—d2 Ta8—c8
9. Lf1—e2 ....

Besser als 9. Lf1—d3, worauf c5—d4: 10. e3—d4:, Sc6—b4 und Ld7—b5 folgen würde.

9. .... Lf8—e7
10. 0—0 0—0
11. Tf1—e1 Tf8—e8

Einfacher war hier Tf8—d8 und Ld7—e8, Sf6—d7, Le7—f6 mit sehr gutem Spiel. Weiß kann kaum etwas unternehmen, was Schwarz bei der Umgruppierung hindern könnte.

12. Le2—d3 Sf6—h5
13. Lf4—h2 c5—d4:
14. e3—d4: Sc6—b4
15. Ld3—b1 Ld7—b5
16. Sf3—e5 g7—g6
17. Sd2—f3 Sb4—c6
18. g2—g4 ....

Hilft nicht viel, schadet aber auch nichts.

18. .... Sh5—f6
19. Dc1—f4 Sc6—e5:
20. Sf3—e5: Te8—f8
21. Df4—d2 Db6—d8!
22. Lb1—c2 Sf6—d7
23. Se5—d7: Lb5—d7:
24. Lh2—e5 Le7—g5!

25. f2—f4 ....

Dd2—e2 war besser.

25. .... Lg5—h4

26. Te1—e3? ....

Weiß geht in die Falle. 26. Te1—b1(!) mußte geschehen.

26. .... Dd8—b6!

27. f4—f5 ....

Gegen die Doppeldrohung f7—f6 und Db6—b2: gibt es keine Parade. Im Schach kommt es zuweilen vor, daß eine feste Stellung durch das geringfügigste Versehen in die Brüche geht.

27. .... e6—f5:

28. g4—f5: Lh4—g5

29. h3—h4 Lg5—h6

30. h4—h5 f7—f6

Aufgegeben.

Partie Nr. 13.

Französisch.

E. Bogoljubow R. Spielmann

1. e2—e4 e7—e6
2. d2—d4 d7—d5
3. Sb1—c3 Sg8—f6
4. Lc1—g5 Lf8—e7
5. e4—e5 Sf6—d7
6. h2—h4! ....

Dieser Zug rührt von Chatare her und wurde zuerst von Alechin (Mannheim 1914) angewandt. Früher zog man hier 6. Lg5—e7:, Dd8—e7: 7. Sc3—b5 usw. Mit dem Textzuge opfert Weiß, um den Druck auf die beengte Stellung von Schwarz nicht zu vermindern, einen Bauern. Meiner Ansicht nach ist dies Opfer vollkommen korrekt; denn nach 6. .... Le7—g5: 7. h4—g5:, Dd8—g5: 8. Sg1—h3! erhält Weiß einen sehr gefährlichen Angriff bei ausgezeichneter Entwicklung. Viel schwerer ist die Korrektheit von 6. h2—h4 nachzuweisen, wenn Schwarz das Opfer nicht annimmt und z. B. 6. .... h7—h6 spielt. Hinsichtlich 6. .... 0—0 siehe die Partie Bogoljubow-Spielmann (Wien 1922).

6. .... Le7—g5:

7. h4—g5: Dd8—g5:

8. Sg1—h3! Dg5—e7

9. Sh3—f4 a7—a6

10. Dd1—g4 g7—g6

11. 0—0—0 c7—c5

12. Dg4—g3! ....

Droht 13. Sc3—d5:, e6—d5: 14. Sf4—d5:, De7—d8 15. e5—e6. Sofort 12. Sc3—d5:, e6—d5: 13. Sf4—d5: wäre wegen Sd7—b6! falsch.

12. .... Sd7—b6

13. d4—c5: De7—c5:

14. Lf1—d3 Dc5—f8

Erzwungen wegen Ld3—g6:. Wenn z. B. Sb8—c6 15. Ld3—g6:, f7—g6: 16. Sf4—g6:, Th8—g8 17. Th1—h7:, Lc8—d7 18. Dg3—g5! mit unwiderstehlichem Angriff. Auf 14. .... Dc5—e7 entschied ebenfalls 15. Ld3—g6:!, f7—g6: 16. Sf4—g6:, De7—g7 17. Sg6—h8: usw. Auch 14. .... Sb6—c4 ist schlecht wegen 15. Ld3—c4:! (das Opfer auf g6 geht jetzt wegen Dc5—b4! nicht), Dc5—c4: 16. Sc3—d5:!, e6—d5: 17. Sf4—d5:, Lc8—f5 18. Sd5—f6†, Ke8—f8 (Ke7? 19. Da3†) 19. Td1—d8†, Kf8—e7 (bei Kg7 folgt Matt in zwei Zügen) 20. Sf6—d5†!! und Weiß gewinnt.

15. Ld3—e4!! ....

Entscheidend! Schwarz ist gezwungen, das Opfer anzunehmen, weil sonst 16. Le4—d5:! mit sofortiger Katastrophe folgt. Die originelle Verteidigung 15. .... h7—h5 16. Le4—d5:!, e6—d5: 17. Sd5:, Sb6—d5: 18. Sf4—d5:, Df8—h6† 19. Kc1—b1, 0—0 ist desgleichen unzureichend, weil 20. Sd5—f6†, Kg8—h8 21. Th1—h4!, Sb8—c6 22. Td1—h1, Sc6—e7 23. Sf6—h5:, Se7—f5 24. Sh5—f6 in wenigen Zügen mattsetzt.

15.	....	d5—e4:
16.	Sc3—e4:	Sb8—d7
17.	Dg3—h4?	....

Schwach und bestenfalls zum Remis führend. 17. Dg3—c3! gewann, wie die nächste Partie Nr. 14 beweist.

17.	....	Df8—e7
18.	Se4—d6†	Ke8—f8
19.	Dh4—h6†	Kf8—g8
20.	Sf4—h5	....

Spielmann wies auf die Fortsetzung hin: 20. Th1—h5, De7—f8 21. Dh6—g5, Sb6—d5 22. Td1—d5:, e6—d5: 23. Sf4—d5:, f7—f6! 24. e5—f6:, Df8—d6: 25. Sd5—e7†, Kg8—f7 26. Th5—h7‡, Th8—h7: 27. Dg5—g6‡, Kf7—e6 28. Dg6—f5†, Ke6—f7 29. Df5—g6† remis.

20.	....	De7—f8
21.	Dh6—f4	Sb6—d5
22.	Td1—d5:	....

Die einzige Möglichkeit, den Angriff fortzusetzen.

22.	....	e6—d5:
23.	Sd6—f5	h7—h6
24.	Df4—g3	....

Droht e5—e6. Mit 24. .... Th8—h7! hätte aber Schwarz dem Weißen eine sehr schwere Aufgabe gestellt, z. B. 25. e5—e6, f7—e6: 26. Dg3—g6‡, Kg8—h8 27. Sf5—h4, Df8—g8 und Weiß muß die Dame nach d3 zurückziehen, wonach der weiße Angriff wohl unzureichend ist.

24.	....	Kg8—h7(?)
25.	Sh5—g7	....

Ebenso führte auch 25. Dg3—g5, Kh7—g8 (wenn g6—f5:, so ewiges Schach) 26. Sf5—e7†, Kg8—h7 27. Se7—f5 usw. zum Remis.

25.	....	Sd7—c5
26.	Dg3—g5?	....

Verfehlt! Mit 26. Th1—h6‡, Kh7—g8 27. Th6—h8†, Kh8: 28. Dg3—h4†, Kh8—g8 29. Sg7—h5!, g6—h5:! konnte Weiß ewiges Schach erzwingen.

26. .... Kh7—g8
27. Sf5—h6‡ Th8—h6:
28. Th1—h6: Sc5—e6

Jetzt folgt auf 29. Sg7—h5 Se6—g5: und das Feld h7 ist gedeckt. Gut war auch 28. .... Lc8—g4.

29. Sg7—e6: Lc8—e6:
30. Th6—g6‡ f7—g6:
31. Dg5—g6‡ Kg8—h8
32. Dg6—e6: Ta8—e8
33. De6—h3† Kh8—g8
34. Dh3—e3 Df8—g7
35. f2—f4 Dg7—g2:

und Schwarz gewann.

Um das Opfer 15. Ld3—e4!! zu prüfen, von dessen Korrektheit in hohem Maße auch die der gewählten Eröffnung abhängt, wurde zwischen Bogoljubow und einem der bekannten Meister folgende leichte Partie gespielt.

Partie Nr. 14.

E. Bogoljubow N. N.

Die ersten 16 Züge wie in Partie Nr. 13.

17. Dg3—c3! ....

Ein starker, das schwarze Spiel endgültig einengender Zug. Von hier aus eröffnen sich der Dame großartige Ausblicke.

17. .... Df8—e7

Einen besseren Zug hat Schwarz nicht zur Verfügung.

Wenn 17. .... h7—h5, so 18. g2—g4!, Df8—e7 19. Se4—f6†, Ke8—f8 (falls Kd8, so 20. Dc3—a5, Kd8—c7 21. Sf6—d5†!) 20. g4—h5:, g6—g5 21. Sf4—g6‡, f7—g6: 22. h5—g6: und Weiß gewinnt leicht.

18. Se4—f6†! Sd7—f6:

Auf 18. .... Ke8—d8 folgt 19. Dc3—a5!. Auf 18. .... Ke8—f8 gewinnt Weiß wie folgt: 19. Sf6—h7‡, Kf8—g7 20. Sf4—h5†, g6—h5: 21. Dc3—g3†, Kg7—h6 22. Th1—h5‡ und Matt in zwei Zügen.

19. e5—f6: De7—f8
20. Dc3—c7 Sb6—d7
21. Sf4—d5! e6—d5:

Auf 21. .... h7—h5 antwortet Weiß einfach 22. Kc1—b1 oder Sd5—b6, Df8—c5 23. Td1—d7:.

22. Th1—e1† Sd7—e5
23. Te1—e5‡ Lc8—e6
24. Kc1—b1! ....

Kommt Df8—h6† mit nachfolgender Rochade zuvor. Wenn jetzt Df8—b4, so 25. a2—a3.

24. .... Ta8—d8
25. Td1—d5: Td8—d5:
26. Te5—d5: Le6—d5:
27. Dc7—c8 ǂ

Partie Nr. 15.

Spanisch.

E. Bogoljubow R. Réti

1. e2—e4 e7—e5
2. Sg1—f3 Sb8—c6
3. Lf1—b5 a7—a6
4. Lb5—a4 ....

Hier wurde oft, dem Beispiele Dr. Em. Laskers folgend, 4. Lc6: gespielt. Die Absicht dabei ist, nach d7—c6: 5. d2—d4, e5—d4: 6. Dd1—d4:, Dd8—d4: 7. Sf3—d4: die besseren Bauern auf dem Königsflügel zu erhalten. Schwarz behält indessen zwei Läufer, deren fernwirkende Kraft die Nachteile der Bauernstellung aufwiegt.

4. .... Sg8—f6
5. 0—0 Sf6—e4:

Diese alte Fortsetzung wird besonders von Dr. Tarrasch empfohlen. Schwarz kommt dadurch zu einer sehr guten Figurenentwicklung, während die Bauern seines Damenflügels etwas zerstreut zu sein scheinen. Ich persönlich rate zur solideren Fortsetzung 5. .... Lf8—e7, die auch fast von allen modernen Meistern vorgezogen wird.

6. d2—d4 b7—b5
7. La4—b3 d7—d5
8. d4—e5: Lc8—e6

Die Fortsetzung Anderssens 8. .... Sc6—e7 entspricht nicht den strategischen Entwicklungsprinzipien. Darauf spielt Weiß am besten 9. a2—a4! oder Sf3—g5.

9. c2—c3 ....

Erstens um den wichtigen Läufer b3 vor Abtausch zu bewahren und zweitens, um in der Folge den Punkt d4 zu besetzen. Einige Meister bevorzugen 9. Lc1—e3.

9. .... Lf8—e7
10. Sb1—d2 0—0
11. Lb3—c2 Se4—c5

Alles nach bekannten Mustern. Rubinstein empfiehlt hier 11. .... f7—f5, was auch ich befürworte. Die 5. Partie des Wettkampfes Bogoljubow—Rubinstein nahm hier folgenden Verlauf: 11. .... f7—f5 12. Sd2—b3, Dd8—d7 13. Sf3—d4, Sc6—d4: 14. c3—d4: (besser 14. Sb3—d4:), a6—a5! 15. f2—f3, a5—a4 16. f3—e4:, a4—b3: 17. Lc2—b3:, f5—e4: 18. Lc1—e3, Tf8—f1 ǂ und Schwarz drohte später mit c6—c5 zwei verbundene Freibauern im Zentrum zu erhalten, was Weiß viel Sorgen bereitete.

12. Sf3—d4! ....

Dies von mir herrührende Bauernopfer bildet eine sehr wichtige Neuerung in der spanischen Partie. Das gewöhnlich gespielte 12. Sd2—b3 ist weniger überzeugend.

12. .... Sc6—e5:?

Die Annahme des Opfers ist falsch. 12. .... Dd8—d7 ist notwendig und falls dann 13. f2—f4, so f7—f5 mit nicht unüblem Spiel für Schwarz.

13. f2—f4? ....

13. Dd1—h5! gewann, z. B.:

a) 13. .... f7—f5 14. b2—b4!, Le6—f7 15. Dh5—f5: usw.

b) 13. .... Se5—g6 14. f2—f4, Le6—d7 15. f5, Sg6—h8 16. f6, g6 17. f6—e7:.

c) 13. .... Se5—d3 14. b2—b4, g7—g6 15. Dh5—d1!.

d) 13. .... Sc5—d3 14. Sd4—e6:!, f7—e6: 15. Dh5—e2!.

Der Textzug konnte, wie die weiteren Anmerkungen belegen, zum Verluste der Partie führen.

13. .... Le6—g4!

14. Dd1—e1 Le7—h4?

Schwarz übersieht die glänzende Kombination, womit Weiß die hartbedrängte Dame rettet. Er mußte 14. .... Se—d3! spielen mit guten Gewinnaussichten, z. B.:

a) 15. Lc2—d3:, Sc5—d3: 16. De1—g3, Sd3—c1: 17. Dg3—g4:, Sc1—d3 18. Dg4—e2, Sd3—b2: 19. Sd2—b3, Le7—a3!.

b) 15. De1—g3, f7—f5 (das ist der Haupttrumpf der schwarzen Verteidigung; wenn jetzt 16. Lc2—d3:, so Le7—h4 17. Dg3—e3, Tfe8 18. Sd4—e6, Sc5—e6: oder Sd3: usw.) 16. h2—h3, Lg4—h5 17. Lc2—d3:, Le7—h4 18. Dg3—e3, Tf8—e8 19. Sd4—e6, Sc5—d3: usw. zum Vorteil von Schwarz.

15. De1—e5: Tf8—e8

Nicht 15. .... f7—f6? wegen 16. De5—e3, Tf8—e8 17. Sd4—e6, Sc5—e6: 18. g2—g3, Se6—g5 19. De3—c5, Sg5—h3† 20. Kg1—h1, Lg4—e2 21. Lc2—f5! und Weiß gewinnt.

16. Sd4—c6 Dd8—d7

17. f4—f5!! ....

Jetzt muß Schwarz auf den Gewinn der Dame verzichten. Auf 17. .... Dd7—c6: gewinnt Weiß mit 18. De5—f4 zwei Figuren für die Qualität.

17. .... Lg4—e2!

18. De5—f4 ....

Stärker war 18. De5—d4!, z. B. 18. .... Le2—f1: 19. Sd2—f1:, Dd7—c6: 20. Dd4—h4: usw. Weiß steht besser.

18. .... Le2—f1:

19. Sd2—f1: Lh4—f6!

20. Sc6—d4 ....

Weiß hat eine Figur für Qualität und Bauern gewonnen, kann aber diesen materiellen Vorteil nicht ausnutzen, weil die schwarzen Zentrumsbauern sehr stark sind.

20.	....	Sc5—e4
21.	Lc1—e3	c7—c5
22.	Sd4—f3	Dd7—c6
23.	Ta1—e1	Lf6—d8
24.	Te1—d1	Ld8—c7
25.	Df4—h4	Ta8—d8
26.	Le3—c1	Lc7—b6
27.	Lc1—g5	f7—f6

28. Lg5—f4 b5—b4
29. Lf4—d2 b4—c3:
30. b2—c3: ....

30. .... d5—d4?

Die abwartende Taktik von Weiß trägt ihre Früchte. Der Vormarsch des d-Bauern hätte große Aussichten auf Erfolg, wenn der Lc2 nicht nach b3 mit Schach ginge. Schwarz sollte überhaupt seine Zentralbauern nicht ziehen; ein Gewinn wäre dann für Weiß undenkbar.

31. c3—d4: c5—d4:
32. Lc2—b3† Kg8—h8
33. Kg1—h1 d4—d3
34. Ld2—e1 a6—a5
35. Sf1—d2 ....

Weiß pariert gerade zur rechten Zeit die Drohungen und geht zum Angriff über. Wenn 35. .... a5—a4, so 36. Lb3—e6, Dc6—c2 37. Sd2—e4:!, Dc2—d1: (oder Te6: 38. f5—e6:, Dd1: 39. Sf6:, g7—f6: 40. Df6‡, Kg8 41. Df7†, Kh8 47. e7 mit Df8†) 38. Se4—f6:, h7—h6 39. Sf3—e5 und gewinnt.

35. .... Te8—e7
36. Dh4—h5 ....

Mit der Drohung Sf3—h4.

36. .... Dc6—c5
37. Le1—g3 Se4—d2:
38. Sf3—d2: a5—a4
39. Lb3—a4: Te7—e2
40. Sd2—f3 d3—d2
41. h2—h4 Lb6—a5
42. Sf3—g5! f6—g5:

Wenn Te2—e1†, so 43. Lg3—e1:, d2—e1:D† 44. Td1—e1:, f6—g5: 45. Te1—e8†.

43. Dh5—e2: g5—h4:
44. Lg3—h4: Td8—f8
45. Lh4—e7 Dc5—d4
46. De2—h5 Tf8—c8
47. f5—f6! Dd4—a4:

Auf g7—f6: folgt 48. La4—c2!, Tc8—c2: 49. Dh5—e8†, Kg7 50. Le7—f8† und 51. Lh6‡.

48. f6—g7‡ Kh8—g8
49. Dh5—d5† Kg8—g7:
50. Dd5—e5† Kg7—g8
51. De5—e6† Kg8—g7
52. Le7—f6† Kg7—g6
53. Lf6—d4† Kg6—g5
54. Ld4—e3† Aufgegeben.

Eine an Kombinationen und interessanten Stellungen reiche Partie.

Handicap-Turnier zu Stockholm Ende Dezember 1919.

Ein großes Turnier fand in Stockholm nach dem originellen System der Gebrüder Collijn statt, demzufolge der stärkere Spieler — anstatt einer Vorgabe — gegen mehrere schwächere gleichzeitig spielen mußte. So spielten z. B. die internationalen Meister gleichzeitig gegen zwei schwedische Meister oder gegen vier Spieler der 1. Klasse oder schließlich gegen acht der 2. Klasse, während die schwedischen Meister gleichzeitig gegen zwei Spieler der 1. oder gegen vier der 2. Klasse antraten usw. Als Sieger ging E. Bogoljubow hervor; Zweiter war A. Rubinstein, der seine Partie gegen Bogoljubow verlor.

Partie Nr. 16.

Gespielt im Handicap-Turnier zu Stockholm.

Skandinavisch.

	A. Olson	L. Collijn
1.	e2—e4	d7—d5
2.	e4—d5:	Dd8—d5:
3.	Sb1—c3	Dd5—a5
4.	d2—d4	....

Hinsichtlich dieser Eröffnung siehe die Anmerkungen zur Partie Nr. 40 Tarrasch—Mieses (Göteborg, 1920).

4.	....	e7—e5!
5.	Dd1—h5?	....

Die Idee, den Bauern e5 zu fesseln, ist nicht gerade glücklich. Besser 5. Sg1—f3 oder d4—e5:.

5.	....	Sb8—c6
6.	Lf1—b5	Lc8—d7
7.	Lb5—c6:	....

Die traurige Folge des schwachen 5. Zuges. Wenn anstatt dessen 7. d4—d5 oder d4—e5:, so Lf8—b4! zum Vorteil von Schwarz.

7.	....	Ld7—c6
8.	d4—d5	Lf8—b4!
9.	d5—c6:	....

Bessere Aussichten gewährte wahrscheinlich das Bauernopfer: 9. Lc1—d2, Lb4—c3: 10. Ld2—c3:, Da5—d5: 11. Sg1—f3 usw. Das Schlagen des Bauern 9. Dh5—e5† wäre nicht gut wegen Ke8—f8 und Schwarz erhält nach 10. Lc1—e3!, Ta8—e8 11. Dd4, Lb4—c3† 12. b2—c3:, Da5—d5: das bessere Endspiel.

9.	....	Lb4—c3†
10.	Ke1—f1	....

Diese Stellung ist vorteilhaft für Schwarz, der mit 10. .... Lc3—b2: 11. Ta1—b1, Lb2—c1 : 12. c6—b7:, Ta8—b8 13. Tb1—c1:, Sg8—f6 und Rochade seinen Vorteil festhalten konnte.

10.	....	Lc3—d4(?)

Danach wird die Stellung sehr schwierig.

11.	Sg1—e2	Sg8—f6
12.	c6—b7:	Ta8—d8
13.	Dh5—g5	....

Verhindert die Rochade, worauf 14. b7—b8D und 15. Se2—d4: folgen würde. Auf 13. Dh5—f5 würde Schwarz Ld4—b6 mit gutem Spiel antworten.

Stellung nach dem 13. Zuge von Weiß.

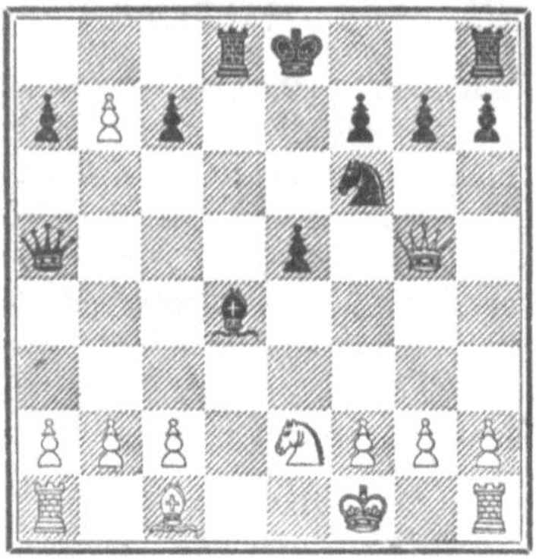

13. .... Ld4—f2:

Wie aus den folgenden Anmerkungen hervorgeht, ist dies soviel wie ein Opfer. Schwarz hatte hier die ruhigere Fortsetzung zur Verfügung: 13. .... Da5—a6 14. c2—c3, Ld4—b6 15. Dg5—e5 ‡ Ke8—f8 mit nachfolgendem Da6—b7:.

14. Lc1—d2! ....

Jetzt macht sich der Bb7 unangenehm bemerkbar.

14. .... Da5—d5
15. c2—c4? ....

Unverständlich! Nach 15. Se2—c3! mußte Schwarz, sich mit dem Verlust des Läufers abfindend, auf Angriff spielen, z. B. Dd5—b7: (nicht Dd5—d4 wegen 16. Dg5—g7:) 16. Kf1—f2:, 0—0 17. Ld2—c1 (notwendig wegen der Drohungen h7—h6 und Db7—b2:), Db7—b6†! und Schwarz hat zwar einen starken Angriff, aber ein Gewinn ist nicht zu sehen.

15. .... Dd5—e6
16. Dg5—g7: Th8—g8
17. Dg7—h6 Lf2—c5
18. Dh6—h3 ....

Wenn 18. Se2—g3, so De6—c4† 19. Sg3—e2, Tg8—g2: usw.

18. .... Tg8—g4
19. b2—b4 Sf6—e4
20. Ld2—e3 Lc5—b4:
21. Ta1—b1 ....

Noch schneller verliert 21. Dh3—h7:, De6—f6† 22. Kf1—g1, Se4—g5! 23. Dh7—g8†, Lb4—f8 24. Le3—g5:, Tg4—g5: 25. Dg8—h7, Lf8—c5† 26. Se2—d4, Lc5—d4 ‡.

21. .... De6—d7
22. g2—g3 Dd7—f5†
23. Kf1—g2 Se4—g5!
24. Le3—g5: Df5—e4†
25. Kg2—f1 De4—f3†

und matt in 3 Zügen.

Wettkampf Bogoljubow-Rubinstein.

Anfang Januar 1920 fand ein Wettkampf auf 12 Partien zwischen E. Bogoljubow und A. Rubinstein statt. Von den ersten sechs in Stockholm gespielten Partien gewann Rubinstein die 1. und 2., die 5. wurde remis und die 6. wieder Rubinstein. In Göteborg, wo die zweite Hälfte gespielt wurde, nahm der Kampf eine für Bogoljubow etwas günstigere Wendung, insofern als er die 7. und 9. gewann. Wenn er noch dazu die 8. Partie, in der er bereits einen Offizier mehr hatte, nicht verloren hätte, so wäre der Ausgang des Treffens wohl ein anderer gewesen. Ebenso zufällig ist der Ausgang der 11. Partie, wo Bogoljubow mit einem Bauern mehr und in besserer Stellung in Zeitnot eine Figur einstellte. Die 10. und 12. wurden remis, obgleich Bogoljubow in der 12. einen Mehrbauern bei guter Stellung hatte! Somit ging Rubinstein als Sieger hervor: + 5 − 4 = 3.

Partie Nr. 17.

Damengambit.

1. Partie des Wettkampfes.

E. Bogoljubow A. Rubinstein

1. d2—d4 d7—d5
2. c2—c4 e7—e6
3. Sg1—f3 a7—a6

Um bei Gelegenheit d5—c4: und b7—b5 zu spielen.

4. c4—d5: ....

Weiß will sich um den Bc4 nicht sorgen. Wenn hierdurch auch der Lc8 befreit wird, so verliert dafür der Zug a7—a6 seinen Sinn.

4. .... e6—d5:
5. Sb1—c3 Lf8—e7
6. Dd1—b3 Sg8—f6
7. Lc1—g5 c7—c6
8. e2—e3 Sb8—d7
9. Lf1—d3 0—0
10. 0—0 Sf6—e4

Eine andere Möglichkeit, aus der beengten Stellung herauszukommen, hat Schwarz nicht. Auf z. B. 10. .... Sf6—e8 11. Lg5—e7:, De7: 12. Ta1—e1, f5 13. e3—e4, f5—e4: 14. Sc3—e4: erhält Weiß Angriff.

11. Lg5—f4 Sd7—f6
12. Ta1—c1 Le7—d6
13. Lf4—d6: Dd8—d6:
14. Ld3—e4: Sf6—e4:
15. Sc3—e4: d5—e4:
16. Sf3—e5 ....

Oder 16. Sf3—d2, Dd6—g6 17. f2—f4, e4—f3 18. Sd2—f3:, De6.

16. .... Dd6—e7
17. a2—a4 Lc8—e6
18. Db3—c2 f7—f6
19. Se5—c4 De7—b4
20. a4—a5 ....

Ein starker Zug: Weiß erlangt die Herrschaft über b6 und c5. 20. .... Le6—c4 21. Dc2—c4†, Db4—c4: ist für Schwarz nicht gerade sehr verlockend, weil Weiß mit f2—f3 und Kg1—f2 ein gutes Spiel im Zentrum erhält.

20. .... Ta8—d8
21. Dc2—d2 ....

Weiß bietet den Tausch an. Er will im Endspiel Springer gegen

Läufer behalten, was hier von Vorteil ist, weil er das wichtige Feld c5 beherrscht.

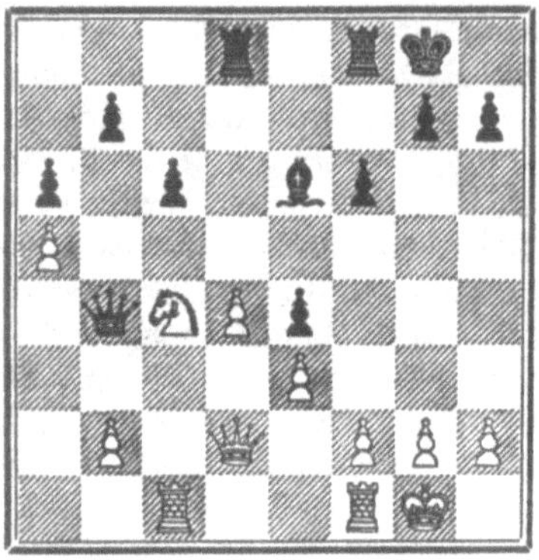

21. .... Db4—b5
22. Sc4—a3 Db5—g5
23. b2—b4 Le6—h3

Schwarz erzwingt die Schwächung des Bauern e3 und erhält mehr Bewegungsfreiheit im Zentrum.

24. f2—f4 e4—f3:
25. Tf1—f3: Lh3—e6
26. Tf3—g3 Dg5—d5
27. Sa3—c4 Tf8—e8
28. Sc4—b6 Dd5—d6
29. Tc1—f1 Le6—f7
30. Sb6—a4 Te8—e7
31. Sa4—c5 Td8—e8
32. Tf1—f4 Kg8—h8
33. Dd2—f2 Lf7—g8

Die Lage hat sich geklärt: Schwarz steht unangreifbar und läßt durch den ständigen Druck auf der e-Linie Weiß keine Gelegenheit zum Angriff auf den Königsflügel.

34 h2—h4 h7—h6
35. Tg3—f3 Lg8—h7
36. g2—g4 Dd6—d5
37. Tf3—g3 Lh7—g6

Dank der ausgezeichneten Stellung des Springers c5 steht auch Weiß sehr fest.

38. g4—g5(?) ....

Vergebliches Bemühen!

38. .... f6—g5:
39. h4—g5: h6—h5

Natürlich nicht 39. .... h6—g5: wegen 40. Tf4—f8†.

40. Tf4—f8† Kh8—h7
41. Tf8—e8:(?) ....

Besser war es, mit dem Turm wieder nach f4 zurückzugehen. Weiß hatte hier folgende Fortsetzung im Auge 41. .... Lg6—e8:? 42. Df2—f8, Dd5—d6 (falls Dd8 oder f7, so 43. g5—g6†) 43. Sc5—e4!, Dd6—c7 44. g5—g6†, Le8—g6: 45. Se4—g5† nebst Matt in 2 Zügen. Weiß wird aber bitter enttäuscht!

41. .... Te7—e8:!

Wenn jetzt 42. Sc5—b7:, so Te8—b8 43. Sc5, Tb4: mit starkem Angriff.

42. Df2—f3(?) ....

Ein schwacher Zug; die weiße Stellung war allerdings schon sehr schwierig.

42. .... Dd5—c4
43. Sc5—d7 ....

Da der Bb4 nicht zu verteidigen ist, ist Weiß sowieso verloren.

43. .... Dc4—b4:
44. Sd7—e5 Te8—f8
45. Df3—e2 Db4—a5:
46. Tg3—h3 Da5—a1†
47. Kg1—h2 Da1—f1
48. De2—f1: Tf8—f1:
49. Se5—d7 Lg6—f5

Aufgegeben.

Partie Nr. 18.

Vierspringerspiel.

3. Partie des Wettkampfes.

E. Bogoljubow A. Rubinstein

1. e2—e4 e7—e5
2. Sg1—f3 Sb8—c6
3. Sb1—c3 Sg8—f6
4. Lf1—b5 Sc6—d4

Dieser Marshallsche Zug wurde von Rubinstein eingehend untersucht und in einigen wichtigen Turnierpartien mit großem Erfolg angewandt. So sonderbar es auch scheinen mag, daß ein und dieselbe Figur im frühen Eröffnungsstadium zweimal gezogen wird, eine Widerlegung ist bis heute noch nicht gefunden. Weiß wird bei richtigem Spiel von Schwarz kaum einen Vorteil erringen können.

5. Sf3—e5:(?) ....

Besser ist hier wahrscheinlich 5. Lb5—a4. Bei 5. 0—0, Sd4—b5: 6. Sc3—b5:, c7—c6 7. Sb5—c3, d7—d6 8. d4, Dd8—c7 hat Weiß keinerlei Vorteil. Ebenso führt 5. Sf3—d4:, e5—d4: 6. e4—e5, d4—c3: 7. e5—f6:, Df6: (7. .... c3—d2‡ ist nicht gut) 8. d2—c3: nur zu gleichem Spiel.

5. .... Dd8—e7!
6. f2—f4 Sd4—b5:
7. Sc3—b5: d7—d6
8. Se5—f3 De7—e4‡
9. Ke1—f2 Sf6—g4†
10. Kf2—g3(?) ....

Ein sehr riskanter Zug! Weiß will die e-Linie ausnutzen. Er hätte 10. Kf2—g1, worauf De4—c6 11. Dd1—e2†, Lf8—e7 12. h2—h3, Dc6—b6†! 13. d2—d4, Sg4—f6 14. Kg1—h2, Ld7 15. Th1—e1, 0—0 mit etwas besserem Spiel für Schwarz die Folge wäre, ziehen müssen.

10. .... Ke8—d8

Schwarz mußte hier 10. .... De4—g6! spielen (siehe die ausführliche Analyse am Schluß der Partie).

11. h2—h3 Sg4—h6
12. d2—d4 Lf8—e7
13. Th1—e1 De4—g6†
14. Kg3—h2 Th8—e8
15. c2—c4 Lc8—f5
16. Lc1—d2 Lf5—c2
17. Dd1—e2 Dg6—d3
18. De2—f2! ....

Ein interessantes Bauernopfer: Weiß will die feindliche Dame und den Läufer zurückdrängen und Angriff erlangen.

(S. Stellungsbild.)

18. .... Dd3—c4:
19. Sb5—a3 Dc4—a4
20. g2—g4! ....

Nimmt dem Lc2 den Rückzug nach dem Königsflügel, wo er alle schwachen Punkte verteidigen könnte und droht Te1—e3 und Ld2—c3.

Stellung nach dem 11. Zuge von Weiß.

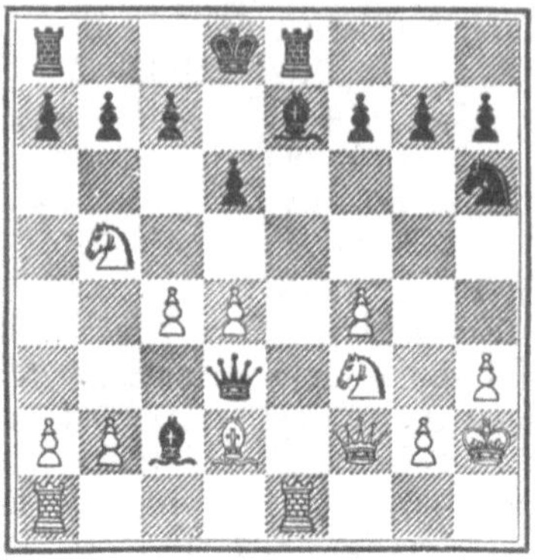

20.	....	Lc2—d3
21.	Sf3—g5	Da4—c6
22.	Te1—e3	Ld3—a6
23.	Ta1—e1	Kd8—d7
24.	Ld2—c3	Dc6—d5
25.	Sg5—h7:!	....

25.	....	b7—b6?

Schwarz verliert jetzt, infolge des unerwarteten Angriffes des Sa3. 25. .... f7—f6! mußte sofort geschehen. Hierauf waren — wie G. J. Löwenfisch zeigte — folgende Fortsetzungen möglich:

26. Df2—h4, a) Dd5—g8 27. Dh4—h6:!, g7—h6: 28. Te1—e7‡, Te8—e7: (Kc6, Te8:, Te8:, Sf6: und Weiß gewinnt) 29. Sh7—f6‡, Kd7—c6 30. d4—d5†!, Dg8—d5: (Kc5, Te7:, Dd8, b4† mit nachfolgendem Sd7†) 31. Sf6—d5:, Te7—e1: 32. Sd5—b4† und Weiß gewinnt.

b) 26. .... b7—b6! 27. Dh4—h6:, La6—b7 (Löwenfisch übersieht hier 27. .... g7—h6:! 28. Te3—e7‡, Kd7—c6 29. Sh7—f6:, Dd5—f3! 30. Sf6—e8: und Schwarz hat ewiges Schach) 28. Te3—e7‡, Te8—e7: 29. Te1—e7‡, Kd7—d8 30. Te7—d7†, Kd8—c8 31. Td7—c7‡, Kc8—d8 32. Tc7—b7:, g7—h6: 33. Tb7—d7†, Kd8—c8 34. Kh2—g3! (verhindert Df3), Dd5—e6 35. Td7—g7, De6—e3† 36. Kg3—h4, De3—f4: 37. d4—d5 und Weiß steht auf Gewinn.

Es ist noch eine interessante Variante möglich, und zwar 26. .... Dd5—f7 27. d4—d5!, Df7—g6 28. g4—g5!, Sh6—f5? 29. Dh4—g4, Kd7—d8 30. Te3—e7:, Sf5—e7: 31. g5—f6:!, g7—f6: 32. Te1—e7:, Dg6—g4: 33. Te7—e8‡ und Weiß gewinnt. In dieser Variante muß Schwarz anstatt 28. .... Sh6—f5? 28. .... Dg6—h7: spielen (nicht 28. .... f6—g5: 29. f4—g5: und auf Dg6—h7:? 30. Te7‡ usw.), g5—h6:, g7—h6: mit Remischancen.

Ich glaube, daß all diese an unerwarteten Kombinationen und Opfern überaus reichen Varianten dem Leser einen Genuß bereiten werden. Die Analyse hat die Korrektheit des Zuges 25. Sg5—h7:! nachgewiesen; Schwarz konnte bestenfalls remis erreichen.

26.	Sa3—c2	f7—f6

27. Sc2—b4 Dd5—g8
28. Df2—f3 La6—b5
29. Sb4—d5 Lb5—c6

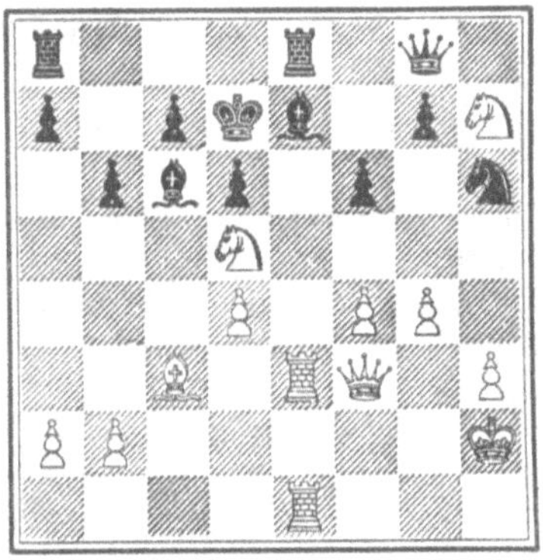

30. Te3—e7 ╪ Te8—e7:
31. Sd5—f6 ╪ Schwarz gab auf.

Analyse der nach dem 10. Zuge von Weiß in Partie Nr. 18 entstandenen Stellung.

10. Kf2—g3(?) De4—g6!

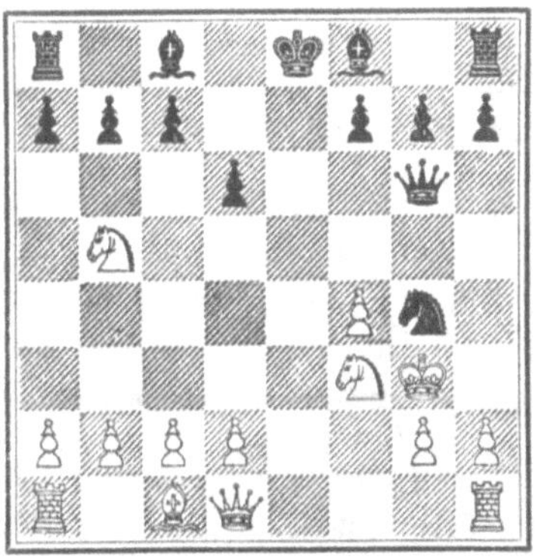

Auf diesen starken Zug machte Spielmann aufmerksam.

11. Sf3—h4 Dg6—h5!

Löwenfisch meint, das Stärkste sei 11. .... Dg6—f6! mit der Drohung g7—g5. Aber darauf antwortet Weiß 12. Sh4—f3, und Schwarz hat nichts als mit der Dame nach g6 zurückzukehren.

12. Sb5—c7 ╪? ....

12. f4—f5, g7—g5 13. Sh4—f3, Ke8—d8! 14. d2—d3, Lc8—f5: 15. h2—h3, Sg4—f6 16. Sf3—g5 mit ungefähr gleichem Spiel mußte geschehen.

12. .... Ke8—d8
13. h2—h3 ....

Auf 13. Sc7—a8: erhält Schwarz mit g7—g5! starken Angriff.

13. .... Sg4—f6
14. Sc7—a8: ....

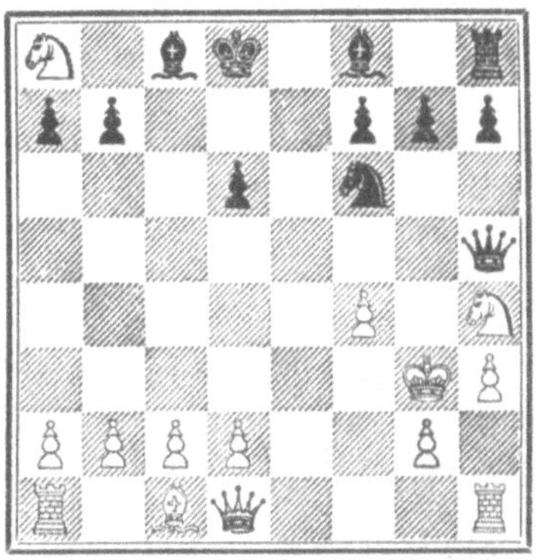

In dieser Stellung braucht Weiß im Mehrbesitze eines Turmes und Bauern die Fortsetzung 14. .... Sf6—e4† 15. Kg3—h2, Dh5—h4: 16. Dd1—f3, b7—b6 17. d2—d3 nicht zu fürchten, wie ich in einer in „Tidskrift för Schack" veröffentlichten Analyse dargetan habe.

Einige Zeit später machte mich jedoch der Hamburger Meister G. Wagner darauf aufmerksam, daß Schwarz einen viel stärkeren

Zug als 14. .... Sf6—e4† zur Verfügung habe, nämlich:

14. .... Dh5—h4 ‡!!

Dieses unerwartete Damenopfer vernichtet alle Illusionen von Weiß! Es hat mich auch, da es die Hauptvariante meiner Analyse ad absurdum führt, von der Zwecklosigkeit des Suchens nach einer Widerlegung von 4. .... Sc6—d4 vermittelst 5. Sf3—e5: überzeugt.

15. Kg3—h4: Sf6—e4!
16. Dd1—g4 ....

Nicht 16. g2—g4? wegen Lf8 e7† 17. g4—g5, h7—h6 nebst Matt.

16. .... Lf8—e7†
17. Dg4—g5 Le7—g5 ‡
18. f4—g5: h7—h6!

Wieder dieser unangenehme Zug! Weiß hat zwar Turm und Bauern mehr, kann sich aber nicht retten.

19. g5—g6 f7—g6:
20. Th1—f1 ....

Erzwungen; denn auf 20. d2—d3 folgt g6—g5† 21. Kh4—h5, Lc8—f5! mit undeckbarem Matt.

20. .... g6—g5†
21. Kh4—h5 Se4—g3†!
22. Kh5—g6 Sg3—f1:

und Schwarz hat Gewinnstellung, z. B. 23. Kg6—g7:, Th8—e8 24. d2—d3, Lc8—e6 25. Lc1—g5: (oder 25. Kg7—h6:, Kd8—d7 26. Lc1—g5:, Sf1—g3 usw.), h6—g5: 26. Ta1—f1:, Kd8—d7 27. Tf1—f8, Te8—f8: 28. Kg7—f8:, Le6—a2: und Schwarz gewinnt.

Partie Nr. 19.

8. Partie des Wettkampfes.

Damenbauereröffnung.

A. Rubinstein E. Bogoljubow

1. d2—d4 Sg8—f6
2. c2—c4 e7—e6
3. Sb1—c3 Lf8—b4

Dies ist ganz am Platze; denn Schwarz droht bei Gelegenheit, mit Lb4—c3: dem Weißen einen ungeschickten Doppelbauern zu machen.

4. Sg1—f3 ....

Vorläufig ist Lb4—c3: nicht zu fürchten. Weiß hat noch zwei gute Fortsetzungen, und zwar 4. Dd1—b3 und 4. Lc1—d2, worauf Schwarz c7—c5 antworten muß. 4. Lc1—g5 scheint nicht ganz so sicher zu sein, weil Schwarz nach c7—c5 in Dd8—a5 eine Gegendrohung besitzt.

4. .... 0—0
5. g2—g3 c7—c5

Einfacher ist natürlich d7—d5, was Weiß hinsichtlich des Bc4 zur Erklärung zwingt.

6. Lf1—g2 Lb4—c3 ‡

Auch jetzt ist d7—d5 7. c4—d5:, Sf6—d5: 8. Lc1—d2, c5—d4: 9. Sf3—d4:, Lb4—c3:! 10. b2—c3:, e6—e5 mit gutem Spiel möglich.

7. b2—c3: Dd8—a5
8. Lc1—d2 d7—d6

Wenn 8. .... Da5—a6, so 9. Dd1—b3, Sb8—c6 10. Db3—b5 usw.

9. 0—0 Sb8—c6
10. d4—d5 Sc6—d8(?)

Nicht positionsgemäß! In solchen Stellungen ist es sehr wichtig, den richtigen Augenblick für e6—d5:

nicht zu verpassen; denn nach c4—d5: ist die d-Linie gesperrt und der schwache Bauer d6 den Angriffen des Gegners weniger zugänglich.

In der Tat hat Schwarz nach 10. .... e6—d5: 11. c4—d5:, Sc6—e7 12. c3—c4, Da5—a6! gute Gegenchancen.

11. Sf3—h4 Sf6—d7
12. d5—e6: f7—e6:
13. Ld2—f4 Sd8—f7!

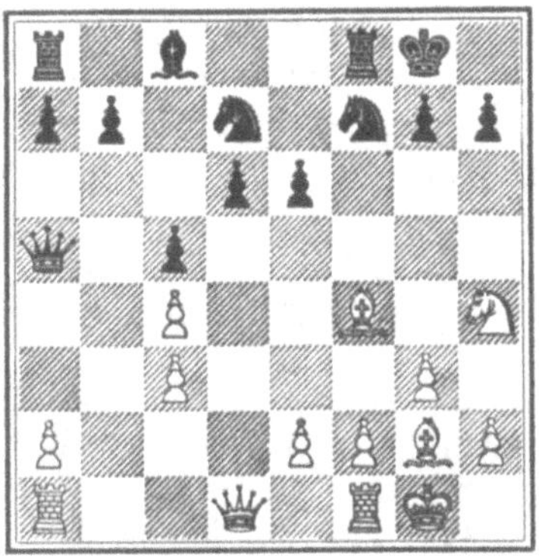

Schwarz hat zwar recht: er kann den Bd6 gerade noch vor sofortigem Verlust bewahren; denn auf 14. Lf4—d6:? folgt Tf8—d8! 15. Ld6—e7, Td8—e8 16. Le7—d6, Da5—b6 17. Ld6—f4, g7—g5 usw., aber er steht doch sehr beengt.

14. Sh4—f3 e6—e5!
15. Lf4—e3 h7—h6

Traurige Notwendigkeit! Auf Da5—c3: folgt 16. Sf3—g5!, Sd7—f6 17. Sg5—f7:, Tf8—f7: 18. Dd1—d6:, Dc3—c4: 19. Tf1—c1!, Dc4—e6 20. Le3—c5: zum Vorteil von Weiß.

16. Dd1—d3 Sd7—b6
17. Sf3—d2 Da5—a6
18. Tf1—d1 Lc8—e6

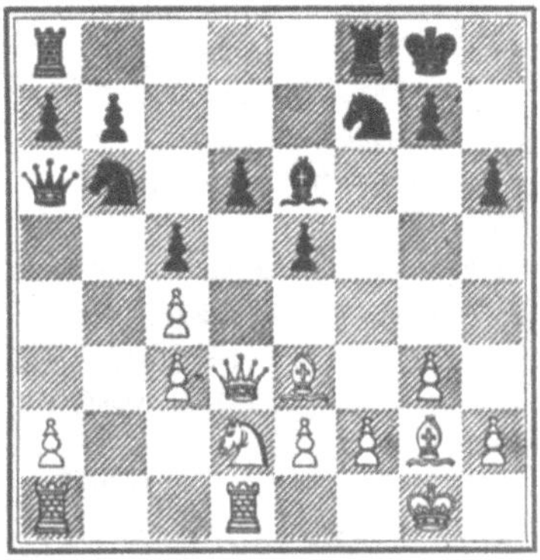

Schwarz hat nicht nur seine Entwicklung beendet, sondern hat sogar ernste Absichten, den Bc4 zu gewinnen.

19. Dd3—g6 Le6—c4:?

Hier mußte Tf8—e8! geschehen und auf 20. Sd2—e4, Sb6—d7.

20. Lg2—e4(?) ....

Einfach Sd2—e4! führte zur Eroberung des Feldes d6, denn auf Tf8—d8 entschied 21. Se4—f6†, Kg8—f8 22. Sf6—h5.

20. .... Tf8—d8
21. Sd2—f3 Sb6—d7?

Ein Versehen, das Weiß Gelegenheit gibt, durch ein schönes Opfer einen starken Angriff einzuleiten. Nach 21. .... Sb6—c8! mit der Drohung Sc8—e7 stand Schwarz gut.

22. Le3—h6:! Sf7—h6:
23. Td1—d6: Da6—a5
24. Dg6—h7† Kg8—f8
25. Td6—g6 Sh6—f7
26. Dh7—g7‡ Kf8—e7
27. Sf3—h4 Td8—h8(?)

Schwarz hat keine genügende Verteidigung. Wenn 27. .... Lc4

—e6?, so 28. Tg6—e6‡, Ke7—e6: 29. Dg7—g6† und Weiß gewinnt. Indessen konnte Schwarz mit 27. .... Td8—f8 noch einen hartnäckigen Widerstand leisten.

28. Sh4—f5† Ke7—d8
29. Ta1—d1? ....

Der schwache Zug in Zeitnot! Weiß konnte mit 29. Sf5—d6! sofort gewinnen (Sf7—d6: 30. Tg6—d6:!). Jetzt geht der Vorteil auf Schwarz über.

29. .... Da5—a4!
30. Td1—d2 Kd8—c7
31. Sf5—e7 Ta8—f8
32. Le4—d5 Lc4—d5:
33. Se7—d5‡ Kc7—b8
34. h2—h4 Da4—e4
35. Sd5—e3 Sd7—b6
36. h4—h5? ....

Ein grober Bock, der sofortigen Verlust hätte nach sich ziehen können: Th8—h5:! 37. Dg7—f8‡, Sb6—c8 und Weiß kann nur durch Opfer dem Matt entgehen. Nachdem Schwarz verabsäumt, sich des h-Bauern zu entledigen, wird dieser Bauer sehr stark.

36. .... De4 —b1†?
37. Td2—d1 Db1—a2:
38. h5—h6 Da2—e2:
39. Tg6—f6! ....

Entscheidend!

39. .... De2—a2
40. c3—c4! Sb6—c4:
41. Tf6—f7: Tf8—g8
42. Se3—c4:! Kb8—a8
43. Tf7—d7 Da2—c4:
44. Dg7—h8: Aufgegeben.

Partie Nr. 20.

9. Partie des Wettkampfes.

Vierspringerspiel.

E. Bogoljubow A. Rubinstein

1. e2—e4 e7—e5
2. Sg1—f3 Sb8—c6
3. Sb1—c3 Sg8—f6
4. Lf1—b5 Sc6—d4
5. Sf3—e5: Sf6—e4:(?)

Wie in der Analyse zur 3. Wettkampfpartie dargetan, spielt Schwarz hier am besten 5. .... Dd8—e7. Der Textzug verwickelt Schwarz in Unannehmlichkeiten.

6. Sc3—e4: Sd4—b5:
7. Se5—f7:(!) ....

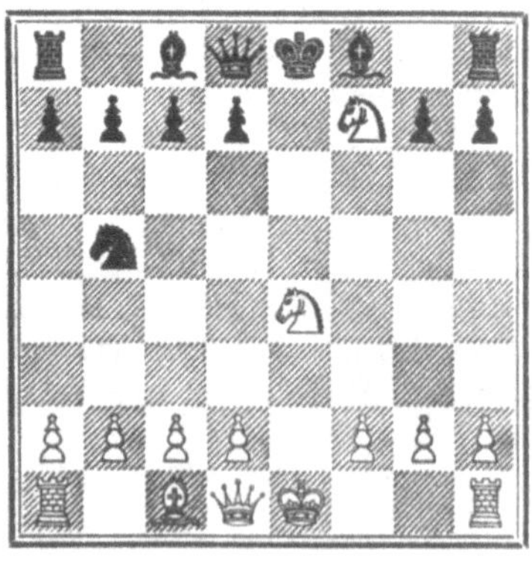

In der 7. Wettkampfpartie setzte Weiß mit 7. d2—d4, d7—d5 8. Se4—g5, Sb5—d6 fort, worauf sich Schwarz erfolgreich verteidigen konnte. Das Springeropfer ist energischer, wenn es auch vielleicht bei bester Verteidigung nicht zum Gewinn führt.

7. .... Dd8—e7!

Die beste Antwort. Wenn 7. .... Ke8—f7:, so 8. Dd1—h5†, g6 9. Dh5—d5†, Kf7—g7 10. Dd5—e5†, Kg7—g8 (nicht Kf7? 11. Sg5†, Kg8 12. Dd5†, Kg7 13. Df7†, Kh6 14. d2—d4) 11. De5—b5: und Weiß bleibt bei seinem Mehrbauer. Auf 11. .... d7—d5 würde jetzt 12. Db5—d5‡ usw. folgen.

8. Sf7—h8: De7—e4‡

9. Ke1—f1 Sb5—d4

Schwarz verteidigt sich gegen Dh5† mit einer Gegendrohung. Wenn 9. .... g7—g6?, so 10. d2—d3, De4—e5 11. Dd1—f3, De5—h8: 12. Df3—e4† und gewinnt.

10. d2—d3 De4—f5

11. h2—h4! b7—b6(?)

G. J. Löwenfisch weist auf 11. .... d7—d5! als unerläßlich hin, und zwar um auf 12. Lc1—g5, Lc8—e6 13. Dd1—h5†?, Ke8—d7 zu antworten. Weiß spielt aber 13. Th1—h3 und c2—c3, worauf die Spiele gleich stehen dürften.

12. Lc1—g5 g7—g6

13. Dd1—d2 Lf8—g7

Es drohte h4—h5.

14. Ta1—e1† Sd4—e6

Schlecht wäre 14. .... Ke8—f8? wegen 15. h4—h5!, Lg7—h8: 16. h5—g6:, Df5—g6: 17. Dd2—f4†, Dg6—f5 (Sd4—f5, 18. g2—g4) 18. Th1—h7:, Df5—f4: 19. Th7—h8‡, Kf8—g7 20. Lg5—f4:, Kg7—h8: 21. Lf4—e5†.

15. h4—h5 g6—h5:(?)

16. Th1—h5: Lg7—h8:

17. Dd2—b4! ....

Überraschendes Schlußmanöver!

17. .... c7—c5

18. Db4—h4 Ke8—f7

19. Lg5—d8! Df5—g6

20. Th5—h6 Dg6—h6:

Wenn 20. .... Dg6—f5, so 21. g2—g4 mit nachfolgendem De7† und Dh7‡.

21. Dh4—h6: Se6—d8:

22. Dh6—h5† Aufgegeben.

Während seines Aufenthaltes in Schweden spielte Bogoljubow im April 1920 eine ganze Reihe ernster Partien mit den besten schwedischen Spielern. Wir bringen vier von diesen Partien.

Partie Nr. 21.

Französisch.

E. Bogoljubow A. Hakanson

1. d2—d4 e7—e6
2. e2—e4 d7—d5
3. Sb1—c3 Sg8—f6
4. e4—e5 ....

Die modernen Meister ziehen 4. Lc1—g5 vor, weil der Textzug dem Weißen nicht die erhofften Vorteile bringt. Der Bauer e5 engt nämlich die Entwicklung des Schwarzen nur auf sehr kurze Zeit ein, während er (abgesehen von vorübergehenden, unbedeutenden Vorteilen) weder bei der Verteidigung noch beim Angriff den Weißen unterstützt. Im Gegenteil, da er seiner Bewegungsfreiheit beraubt ist, bildet er einen toten Punkt im weißen Spiele.

4. .... Sf6—d7
5. Dd1—g4 ....

Gladhills Zug, dem die Idee zugrunde liegt, unter Aufopferung des Be5 Linien für den Figurenangriff zu erhalten. Steinitz pflegte hier 5. f2—f4 zu spielen, was wohl den Be5 genügend deckt, dafür aber die Punkte im Zentrum schwächt und die Wirkung der weißen Figuren noch mehr beschränkt.

5. .... c7—c5

Ein Gegenangriff auf das weiße Bauernzentrum, der alle Aussichten auf Erfolg hat.

6. Sg1—f3 c5—d4:!

Sehr richtig! Die weiße Bauernkette ist gesprengt — die Folge von 4. e4—e5.

7. Sf3—d4: ....

7. .... Sd7—e5:

Obgleich die sofortige Annahme des Opfers zweifellos richtig ist, stellt sie doch nicht die stärkste Fortsetzung dar. Schwarz läuft nämlich Gefahr, beim geringsten Versehen in einen unparierbaren Angriff hineinzugeraten. Ich empfehle hier den bescheidenen Zug 7. .... Sb8—c6!. Er greift den Be5 noch einmal an und zwingt Weiß gleichzeitig hinsichtlich des Sd4 zur Erklärung, um so mehr, als 8. Sd4—c6: nur das schwarze Spiel verstärken würde.

8. Dg4—g3 Lf8—d6

Am besten ist hier das Laskersche 8. .... f7—f6! Auf 9. Lc1—f4, Sb8—c6 10. Sd4—c6:!, b7—c6:! opfert Schwarz den Bauern zurück; er erhält dafür ein starkes Zentrum und zwei Läufer. Weniger gut ist der gebräuchliche Zug 8. .... Sb8—c6 9. Sd4—c6:! (zuerst von mir in einer Korrespondenzpartie mit D. N. Pawlow angewandt), Se5—c6: 10. Lc1—f4, f7—f6 11. 0—0—0 mit starkem Angriff. Auch nach 8. .... Se5—c6 9. Sd4—b5, Sb8—a6 10. Lc1—f4 und erst recht nach 8. .... Se5—g6 9. Sd4—b5, Sb8—a6 (e6—e5? 10. Sc3—d5:) 10. h2—h4! hat Weiß starken Angriff.

9. Sd4—b5 ....

Weiß läßt Schwarz mit Ke8—f8 Gelegenheit, den Mehrbauern zu behaupten, was aber wohl nicht sehr vorteilhaft sein dürfte. Gewöhnlich geschieht hier 9. Dg3—g7: Se5—g6 10. Lf1—b5†, Lc8—d7 11. Lb5—d7‡, Sb8—d7: 12. Sd4—f3 mit ungefähr gleichem Spiel.

9. .... Se5—c4?

Wenn Schwarz nicht 9. .... Ke8—f8 spielen wollte, so mußte er 9. .... Sb8—c6 10. Dg3—g7:, Se5—g6 11. Sb5—d6‡, Dd8—d6: ziehen.

10. Sb5—d6‡ Sc4—d6:

Schwarz merkt gerade noch zur rechten Zeit, daß 10. .... Dd8—d6:? ihn eine Figur kosten würde: 11. Lf1—c4:, Dd6—g3: 12. Lc4—b5† usw.

11. Dg3—g7: Ke8—d7

Natürlich erzwungen.

12. Lc1—f4 Dd8—f8
13. Dg7—f6 Sd6—e8
14. Df6—h4 Df8—e7
15. Dh4—h3 Kd7—d8
16. 0—0—0 Lc8—d7
17. Lf1—b5 Sb8—c6
18. Th1—e1 a7—a6
19. Lb5—a4 ....

Falsch wäre 19. Sc3—d5:?, weil nach e6—d5: die weiße Dame gleichfalls angegriffen ist.

19. .... De7—b4
20. Dh3—h4† Kd8—c8
21. a2—a3 Db4—f8

Nicht 21. .... Db4—e7 wegen 22. Sc3—d5:.

22. La4—b3 Sc6—e7

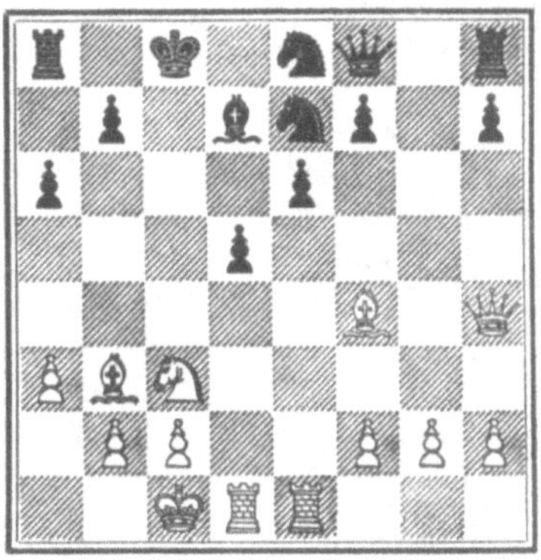

23. Lb3—d5:! ....

Ein für diese Variante typisches Figurenopfer!

23. .... Se7—d5:
24. Td1—d5:! Se8—c7

Auf 24. .... e6—d5: gewinnt 25. Sc3—d5: sofort.

25. Lf4—d6 Aufgegeben.

Partie Nr. 22.

Damengambit.

E. Bogoljubow A. Hakanson

1. d2—d4 d7—d5
2. c2—c4 c7—c6
3. Sb1—c3 Sg8—f6
4. Sg1—f3 Sf6—e4

Dem Beispiel Alechins folgend, wird hier ausschließlich 4. ....

d5—c4:! 5. e2—e3, b7—b5 6. a2—a4, b5—b4! 7. Sc3—a2, e7—e6 usw. gespielt. Schwarz hat ein gutes Spiel wegen der schlechten Stellung von Springer a2 und Läufer c1.

5. Dd1—b3 ....

Dies wie der nächste Zug ist von mir empfohlen. Weiß entwickelt den Läufer, während Lc8 lange eingesperrt bleibt.

5.	....	e7—e6
6.	Lc1—f4	Lf8—d6
7.	e2—e3!	Ld6—f4:
8.	e3—f4:	Dd8—f6
9.	g2—g3	Se4—d6
10.	Db3—a3!	Sd6—f5!
11.	Ta1—d1	Df6—e7
12.	Da3—b3	0—0
13.	Lf1—d3	Sb8—d7
14.	0—0	d5—c4:
15.	Db3—c4:	Sf5—d6
16.	Dc4—b4	Tf8—d8
17.	Tf1—e1	Sd7—f6
18.	Db4—b3	De7—c7
19.	Td1—c1	Lc8—d7
20.	Ld3—b1	Dc7—b6
21.	Db3—c2	Sd6—f5
22.	Tc1—d1	Ld7—e8

Schwarz hat alle Eröffnungsschwierigkeiten überwunden und jetzt mag es sogar scheinen, daß er mit einem Angriff auf Bd4 gute Chancen habe. Dem ist aber nicht so: das beweist der weitere Verlauf der Partie.

23.	Sc3—a4	Db6—c7
24.	Sa4—c5	Td8—d5
25.	a2—a3!	Ta8—d8

(S. Stellungsbild.)

26. Sc5—e4! ....

Dies erzwingt eine Schwächung des schwarzen Königsflügels.

Stellung nach dem 25. Zuge von Schwarz.

Falsch wäre jetzt 26. .... Sf5—d4:? wegen 27. Se4—f6†, g7—f6: 28. Sf3—d4:, Td5—d4: 29. Td1—d4:, Td8—d4: 30. Dc2—h7:, Kg8—f8 31. Te1—e6:!.

26.	....	Sf6—e4:
27.	Dc2—e4:	g7—g6
28.	Lb1—a2	Td5—d7
29.	g3—g4	Sf5—d6
30.	De4—e5	Sd6—b5
31.	De5—f6	Dc7—b6

Wenn Dc7—d6, so 32. a3—a4, Sb5—c7 33. Sf3—e5, Td7—e7 34. g4—g5, Sc7—d5! 35. La2—d5:, e6—d5: 36. Se5—g4 und Weiß gewinnt den c-Bauern bei Gewinnstellung.

32.	f4—f5!	Sb5—c7
33.	f5—e6:	f7—e6:
34.	Te1—e6:	Le8—f7
35.	Te6—e7	Td7—e7:
36.	Df6—e7:	Sc7—d5

Oder 36. .... Td8—f8 37. Sf3—e5!, Lf7—a2: 38. Se5—d7.

37. La2—d5: c6—d5:

Auf 37. .... Lf7—d5: entscheidet 38. Sf3—g5.

38. Sf3—e5 Td8—f8

Wenn 38. .... Lf7—e8, so gewinnt 39. Td1—c1.

39. De7—f8 ‡ Aufgegeben.

Eine leicht verständliche, aber doch lehrreiche Partie.

Partie Nr. 23.

Damenbauernspiel.

S. Krenzisky Bogoljubow

1. d2—d4 Sg8—f6
2. c2—c4 e7—e6
3. Sg1—f3 Lf8—b4†

Hier ist 3. .... d7—d5 der beste Zug. Der einige Zeit mit Erfolg gespielte Blumenfeldsche Gegenangriff 3. .... c7—c5 4. d4—d5!, b7—b5 ist wegen 5. Lc1—g5 nicht ganz korrekt.

4. Lc1—d2 ....

Am angebrachtesten ist 4. Sb1—d2, um durch a2—a3 entweder den Lb4 zum Rückzug oder zum Tausch auf d2 zu zwingen. 4. Sb1—c3 ist auch nicht schlecht, obgleich Schwarz bei Gelegenheit dem Weißen den c-Bauern verdoppeln kann.

4. .... Lb4—d2 ‡
5. Dd1—d2: ....

Ich ziehe 5. Sb1—d2: vor, um die Entwicklung mit g2—g3 fortzusetzen.

5. .... 0—0
6. Sb1—c3 d7—d5
7. e2—e3 Sb8—d7
8. Lf1—d3 c7—c6

d5—c4:, Ld3—c4:, a7—a6 verdiente den Vorzug.

9. Ta1—c1 ....

Hier ist auch 9. 0—0, d5—c4: 10. Ld3—c4:, e6—e5 möglich, siehe die Partie Alechin—Bogoljubow (Budapest 1921).

9. .... Dd8—e7
10. 0—0 d5—c4:
11. Ld3—c4: e6—e5
12. d4—e5: Sd7—e5:
13. Sf3—e5: De7—e5:
14. Tf1—d1 ....

Weiß beherrscht die offene d-Linie, was aber nicht von Belang ist, da der Sf6 das wichtige Feld d7 deckt.

14. .... Sf6—g4(?)

Dieser Zug hätte nur dann Sinn, wenn er g2—g3 provozierte.

15. Dd2—d6! De5—f5?

Schwarz will das Remis vermeiden, verschlechtert aber nur seine Stellung. 15. .... Lc8—e6 war am besten.

16. Dd6—g3 Sg4—e5
17. Lc4—b3 Lc8—e6
18. Lb2—c2 Df5—h5
19. Td1—d4! ....

Droht Th4; Weiß gewinnt zur Turmverdoppelung ein wichtiges Tempo.

19. .... Se5—g6
20. Tc1—d1 Tf8—c8
21. f2—f4 Dh5—c5
22. e3—e4 Sg6—f8
23. f4—f5 Le6—d7
24. Kg1—h1 Ld7—e8

Schwarz ist auf der ganzen Linie zurückgedrängt worden.

25. e4—e5 b7—b5
26. b2—b4! ....

Verdrängt noch eine wichtige Figur vom zukünftigen Schlachtfelde, dem Königsflügel von Schwarz.

26. .... Dc5—b6
27. Sc3—e4 Tc8—d8
28. Se4—f6† Kg8—h8
29. Sf6—e8:! ....

Beseitigt eine wichtige Verteidigungsfigur.

29. .... Td8—e8:
30. Td4—g4 g7—g6
31. e5—e6 ....

Droht die Königsstellung endgültig zu stürmen. Um den Gegner zu besänftigen, entschließt sich Schwarz zu einem Figurenopfer.

31. .... Sf8—e6:

32. f5—g6:! ....

Das Opfer, zu dem sich Schwarz schweren Herzens entschließen mußte, läßt den Gegner vollständig kalt!

32. .... f7—g6:
33. Lc2—g6:! Ta8—d8

Die Annahme des Opfers führt zu sofortigem Verlust.

34. Td1—e1 Te8—g8

Wenn jetzt h7—g6:, so 35. Tg4—h4†, Kh8—g8 (Kh8—g7 36. Dg3—e5†) 36. Dg3—g6‡, Se6—g7 37. Dg6—h7 und Th4—f4†.

35. Dg3—e5† Se6—g7
36. Lg6—f7 ....

36. Tg4—h4 führte zum Matt.

36. .... Db6—b7
37. Lf7—g8: Td8—e8
38. De5—c3 Aufgegeben.

Krenzisky hat die Partie meisterhaft durchgeführt.

Partie Nr. 24.

Damenbauernspiel.

E. Bogoljubow B. Oweson

1. d2—d4 Sg8—f6
2. c2—c4 e7—e6
3. Sg1—f3 c7—c5(?)

Dieser Zug hätte nur dann Sinn, wenn der Blumenfeld-Angriff (auf 4. d4—d5!, b7—b5) für Schwarz vorteilhaft wäre.

4. d4—d5! d7—d6
5. Sb1—c3 e6—e5

Schwarz hat, wie man sieht, ein Tempo verloren.

6. g2—g3! Lf8—e7

Zweckmäßiger wäre g7—g6 und Lf8—g7.

7. Lf1—g2 0—0
8. 0—0 ....

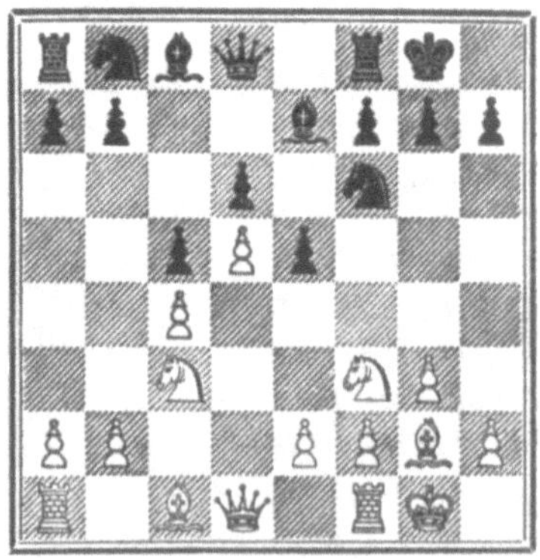

8. .... Tf8—e8(?)

Ein schwacher Zug, durch den Schwarz vollständig in die Defensive gerät. 8. .... Sf6—e8 und f7—f5 war notwendig.

9. Dd1—c2 Sb8—d7
10. b2—b3 Sd7—f8

Auf e5—e4 folgt natürlich 11. Sf3—g5 usw.

11. Lc1—b2 Lc8—d7
12. a2—a4 ....

Um auf a7—a6 den Gegenstoß b7—b5 durch a4—a5 zu verhindern.

12. .... Dd8—c8
13. Ta1—e1 ....

Weiß will mit f2—f4 im Zentrum angreifen. Immerhin konnte der Turm, solange die Möglichkeit von b7—b5 nicht ausgeschaltet war, auf a1 noch nützlich sein.

13. .... a7—a6
14. Sf3—d2 Ld7—h3
15. e2—e4 Sf8—g6
16. Sc3—d1 Lh3—g2:
17. Kg1—g2: Dc8—g4
18. f2—f3 Dg4—d7
19. Sd1—e3 ....

(S. Stellungsbild.)

19. .... h7—h6?

Hier war die letzte Möglichkeit für b7—b5.

20. a4—a5! Sf6—h7
21. Se3—f5 Le7—f8
22. Lb2—c3 Sg6—e7
23. Sf5—e3 g7—g6
24. f3—f4 f7—f6

Die Unzulänglichkeit der Verteidigung wird evident.

Stellung nach dem 19. Zuge von Weiß.

25. Dc2—d1 Lf8—g7
26. f4—f5 g6—g5
27. h2—h4! Kg8—f8
28. Tf1—h1 Se7—g8
29. Dd1—h5 g5—h4:

Oder Dd7—f7 30. Dh5—g6!, Lg7—h8 31. b3—b4! mit unwiderstehlichem Angriff auf dem Damenflügel. Schwarz ist immer verloren.

30. g3—h4: Te8—e7
31. Kg2—f2 Dd7—e8

Jetzt erreicht Weiß mit Dh5—g6 nichts, denn es folgt Lg7—h8 und Te7—g7.

32. Dh5—e2 h6—h5
33. Te1—g1 Te7—c7
34. Tg1—g6 Lg7—h6
35. Th1—g1 Tc7—g7
36. De2—h5: Lh6—e3 ✝
37. Kf2—e3: Sg8—e7
38. Dh5—h6 Se7—g6:
39. f5—g6: De8—d7
40. g6—h7: Aufgegeben.

Wettkampf Réti-Euwe.

In Amsterdam fand Mai 1920 ein kleiner Wettkampf zwischen R. Réti und dem jungen, zu großen Hoffnungen berechtigenden holländischen Meister M. Euwe statt. Sieger war Réti: + 3 − 1 = 0.

Wir bringen zwei reizende Miniaturpartien aus diesem Kampfe.

Partie Nr. 25.

Zweispringerspiel im Nachzuge.

M. Euwe — R. Réti

1. e2—e4 e7—e5
2. Sg1—f3 Sb8—c6
3. Lf1—c4 Sg8—f6
4. d2—d4 ....

Andere Fortsetzungen sind 4. Sf3—g5, 4. Sb1—c3 und 4. d2—d3.

4. .... e5—d4:

Weniger gut ist 4. .... Sf6—e4: wegen 5. d4—e5:.

5. 0—0 ....

Früher wurde hier 5. e4—e5, d7—d5 6. Lc4—b5, Sf6—e4 7. Sf3—d4: gespielt.

5. .... Sf6—e4:!

Die einfachste und wahrscheinlich auch beste Verteidigung. 5. .... Lf8—c5 6. e4—e5, d7—d5 7. e5—f6:, d5—c4: 8. Tf1—e1 (Max-Lange-Angriff) führt zu solch komplizierten Varianten, daß sich sogar die besten Theoretiker da nicht völlig zurecht finden.

6. Tf1—e1 d7—d5
7. Lc4—d5: Dd8—d5:
8. Sb1—c3 Dd5—a5

Wieder das Einfachste! Dieser Möllersche Zug ist seit meiner Stockholmer Partie (1919) gegen Réti in Mode gekommen, wurde aber schon 1907 von Kiewer Schachfreunden des öfteren angewandt.

9. Sf3—d4:? ....

Dies stellt sich als ein Fehler, der eine Figur kostet, heraus. Gewöhnlich geschieht 9. Sc3—e4: oder Te1—e4: mit etwa gleichem Spiel.

9. .... Sc6—d4:
10. Dd1—d4: ....

Sowohl auf 10. Te1—e4‡ wie auf 10. Sc3—e4: folgt Sd4—e6.

10. .... f7—f5!
11. Lc1—g5 Da5—c5!
12. Dd4—d8† Ke8—f7
13. Sc3—e4: f5—e4:
14. Ta1—d1 ....

Wenn 14. Te1—e4:, so natürlich Lc8—f5.

14. .... Lf8—d6!

Schön und energisch gespielt! Die weiße Dame ist abgedrängt, während der materielle Vorteil bei Schwarz verbleibt.

15. Dd8—h8: Da5—g5:
16. f2—f4 ....

Auf 16. Dh8—h7: folgt Lc8—f5 17. h2—h4, Dg5—g4 und gewinnt.

16. .... Dg5—h4
17. Te1—e4: ....

Weiß hat keine Verteidigung mehr: 17. g2—g3, Ld6—c5† 18. Kg1—h1, Lc8—g4! 19. Te1—f1 Dh4—h5 (oder einfach Ta8—h8: usw.).

(S. Stellungsbild.)

17. .... Lc8—h3!!
18. Dh8—a8: Ld6—c5†

Stellung nach dem 17. Zuge von Weiß.

19.	Kg1—h1	Lh3—g2 ‡!
20.	Kh1—g2:	Dh4—g4†
21.	Kg2—f1	Dg4—f3†
22.	Kf1—e1	Df3—f2 ‡

Partie Nr. 26.

Holländisch.

	R. Réti	M. Euwe
1.	d2—d4	f7—f5
2.	e2—e4	....

Das Staunton-Gambit, das schnelle Figurenentwicklung und Angriff auf die durch f7—f5 geschwächte Königstellung bezweckt. Die andere für Weiß gute Fortsetzung ist 2. g2—g3, wobei Weiß nach Möglichkeit die Entwicklung des Lc8 zu hemmen sucht.

2.	....	f5—e4:
3.	Sb1—c3	Sg8—f6
4.	Lc1—g5	g7—g6

Von zweifelhaftem Werte. Am besten ist hier wohl das alte 4. .... c7—c6!. Nicht schlecht ist auch 4. .... e7—e6. Der naheliegende Zug 4. .... d7—d5 ist aber ein Fehler wegen 5. Lg5—f6:, e7—f6: 6. Dd1—h5†, g7—g6 7. Dh5—d5: usw.

5. f2—f3 ....

Alechin empfiehlt hier 5. h2—h4! mit sofortigem Angriff, was wohl einer völligen Widerlegung von 4. .... g7—g6 gleichkommt.

5.	....	e4—f3:
6.	Sg1—f3:	Lf8—g7
7.	Lf1—d3	c7—c5(?)

Mit diesem und den beiden nächsten Zügen verfolgt Schwarz einen interessanten, aber — wie Réti nachweist — nicht stichhaltigen Plan. Vor allen Dingen mußte Schwarz sich entwickeln, er mußte also d7—d5! und Sb8—c6 spielen (siehe Partie Euwe—Tartakower, Haag 1921).

8.	d4—d5	Dd8—b6
9.	Dd1—d2	Db6—b2:?

Wie gesagt, falsch berechnet. 9. .... d7—d6 mußte geschehen.

10. Ta1—b1 ....

Wenn jetzt Db2—a3, so 11. Sc3—b5, Da3—a2: 12. 0—0 mit unwiderstehlichem Angriff.

10. .... Sf6—d5:

Das war eben der schlaue Plan von Schwarz: Auf 11. Tb1—b2: folgt Lg7—c3: mit Rückgewinn der Dame. Réti hat jedoch der feindlichen Dame einen höflicheren Empfang bereitet!

11. Sc3—d5:! ....

Originell ist, daß sowohl in der vorgehenden wie in dieser Partie das doppelte Turmopfer entscheidet!

11. .... Db2—b1‡
12. Ke1—f2 Db1—h1:

Db1—a2: leistete einen hartnäckigeren Widerstand.

13. Lg5—e7: d7—d6
14. Le7—d6: Sb8—c6
15. Ld3—b5! Lc8—d7
16. Lb5—c6: b7—c6:
17. Dd2—e2† Aufgegeben.

Auch diese kleine Partie liefert ein schlagendes Beispiel für die Wahrheit des alten Lehrsatzes, nie einen Gegenangriff in der Eröffnung bei unvollendeter eigener Entwicklung zu beginnen!

Eröffnungsübersicht.

(Die Nummern beziehen sich auf die Partien.)

Spanisch 2, 6, 15.
Vierspringerspiel 11, 18, 20.
Italienisch 7.
Zweispringerspiel im Nachzug 25.
Königsgambit 8.
Französisch 3, 13, 14, 21.
Sizilianisch 1.
Skandinavisch 16.
Damengambit 10, 17. 22.
Damenbauereröffnung 4, 5, 9, 12, 19, 23, 24.
Holländisch 26.

Paul Morphy

Sammlung der von ihm gespielten Partien

Mit ausführlichen Erläuterungen

Von

GÉZA MARÓCZY

1925. Zweite, völlig umgearbeitete Auflage. Gr.-Oktav. X, 290 Seiten
Mit einem Titelbild, 7 Abbildungen im Text und vielen Diagrammen
Geh. Rm. 8.—, geb. Rm. 9.50

„Das Bemerkenswerteste an der Maróczyschen Arbeit ist die lebendige, überaus anregende Schilderung des Werdegangs, der Kämpfe, Triumphe und des schließlichen tragischen Geschickes des geistvollen und doch so bescheidenen Amerikaners. Der Leser verfolgt jede Phase mit gespanntestem Interesse. Die ebenso sorgfältigen wie tiefgründigen Erläuterungen des Meisters Maróczy bieten dem Anfänger wie dem erfahrenen Schachfreund reiche Belehrung und Anregung.“ *Das Echo.*

Schachstrategie

Einführung in den Geist der praktischen Partie

Von

EDUARD LASKER

1923. Vierte, neubearbeitete Auflage. Gr.-Oktav. VIII, 246 Seiten
Mit 166 Diagrammen. Geb. Rm. 7.20

„Das Buch ist nach Inhalt wie Ausstattung vorzüglich und besonders solchen, die schon etwas fortgeschritten sind, nur zu empfehlen. Daß die vierte Auflage erschienen ist, beweist mehr als viele Worte den Wert dieses Schachbuches.“ *Deutsche Schachblätter.*

Metzger & Wittig, Leipzig

FSC
www.fsc.org
MIX
Papier | Fördert gute Waldnutzung
FSC® C083411

Zeitfracht Medien GmbH
Ferdinand-Jühlke-Straße 7
99095 Erfurt, Deutschland
produktsicherheit@kolibri360.de